法國AOC
頂級乳酪
Bons Fromage de France

周寶臨 著

乳酪的萬千滋味

國人出國旅遊、商務往來日趨頻繁，南來北往日子久了，雙方難免在生活習性上有相互的影響，吃西餐、喝洋酒，許多人早習以為常，但是一提起乳酪，還是讓不少人避退三舍。乳酪是西方人的日常食物，已有上千年的歷史，而隨著各民族生活習性和地理環境的不同，他們也調做出千百種變化多端的乳酪。

專賣櫃中，來自世界各地五花八門的乳酪各具風味，但一般人在接觸不多的情況下，大多缺乏廣泛的認知，除非購買者對於某項產品已有屬意，否則很難大膽地去挑選嚐食。

出國旅遊，總會品嚐當地美食，而非常注重傳統美食文化的歐陸老國，餐廳中的一些菜餚經常會用乳酪來調配料理。本書介紹了乳酪的基本認識、法國各地區的代表乳酪，以及市面上的常見和葡萄酒的搭配，期望有助於讀者更加深入瞭解國外的飲食文化。

01

乳酪的美味祕密

C　o　n　t　e　n　t　s

02

46種法國AOC級乳酪

乳酪點點名：

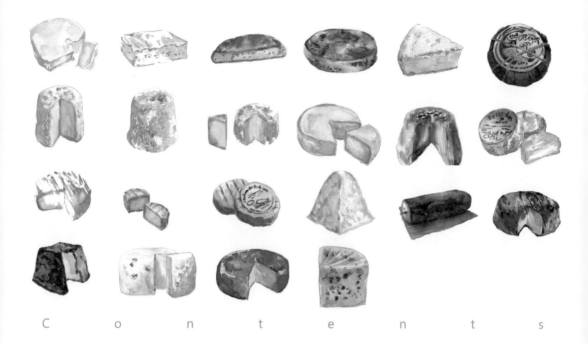

C o n t e n t s

01

乳酪的
美味祕密

◎1 什麼是乳酪？

乳酪是乳汁經由乳酸菌發酵而產生的奶製品，它的型態又分固態狀的乾酪、牙膏狀的半乾酪，以及液態狀的製品（優酪乳）。

這些凝固的奶製品，主要是採用牛、山羊、綿羊的乳汁，經過酸化處裡後（加入凝乳酶 présure），變成塊粒狀的凝乳塊（caille）和液狀的乳清，再經過不同方式的壓榨、精煉後，就成為各種具有風味的乳酪。

早年，各山區及鄉村間沒有良好的道路，也缺乏運輸工具，而牛隻產生的乳量極大，為了解決地區過剩乳汁的儲存和搬運問題，乳酪便脫穎而出。

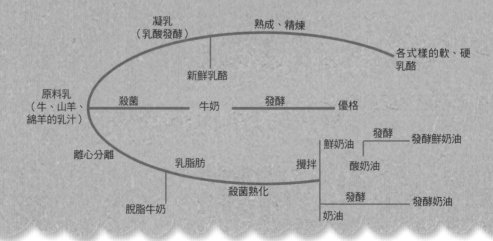

2 乳酪的起源和發展沿革

乳酪是人類世界的古老食物之一，但沒有任何文獻記載它確實的開始食用時間以及如何製作出來的。相傳它也是偶然的發明，從兩河流域出土的幾種乳酪殘骸中，證明它至少有 5000 年的歷史。西元前 1000 年在歐洲和埃及的一些出土殘碎器皿上，也發現了乳品痕跡，最早文獻記載的都是羊乳酪的製作法，而牛隻被馴養得較晚，牛乳酪的出現也較遲。

羅馬人把乳酪的製作方法加以多元化，再透過他們的軍團把乳酪帶到所有的占領區，到西元 1 世紀時，乳酪已成為重要的農業經濟作物。隨著羅馬帝國的衰落，加上千百年來整個歐陸不斷地遇上了戰爭、動亂、瘟疫的肆虐，大量的配方和製作技巧也慢慢地遺失了，目前在一些偏遠的山區或是修道院中，較有可能找到古老的製作祕方。

西元 7 世紀，北非的阿拉伯人入侵西班牙後，慢慢地向北移居，部分到了法國羅亞爾（Loire）河中游地方，也帶來了羊隻的養殖和各式各樣的羊乳酪製作祕方。幾百年來，這一帶的大小河川、溪谷岸邊飼養了成群的羊隻，今日也成了製造羊乳酪的搖籃，生產業者做出各種形色、不同風味的乳酪，區內就有 5 種 AOC 級的羊乳酪。

到了中世紀，大量的歐洲移民帶著農民本色前往新大陸，同時也把乳酪的製作方法帶了過去，加上各地水、草的變化滋養了肥壯的牛、羊群，因此能做出各式各樣具有風味的乳酪。

Q3 為什麼要常吃乳酪？
它有什麼好處和營養價值？

所有的奶類製品中，都含有豐富的蛋白質、維他命 B 群、磷、鈣……等礦物質，乳酪中也全部都有，且所含的鈣質特別多，此外，乳酪中還有豐富的乳酸菌，它是存在於人體內的一種益生菌，有助營養素的吸收和代謝，促進腸胃蠕動。腸內毒素主要是由宿便中的害菌發酵而產生的，乳酸菌可抑制體內害菌繁殖、促進益菌增多的功能，維持腸道的通暢和健康。很多人喝了鮮奶會有腹瀉不適的現象，那是因乳糖不耐症，而乳酪中的活性乳酸菌有分解這種乳糖的功能。

人體內的鈣質是強化骨骼必備的營養素，尤其是在小朋友的生長期。為了強化骨骼，更需要攝取足夠的鈣質，乳酪中的鈣質亦可預防老年人骨質疏鬆，幫助孕婦孕育出更健康的下一代。對於體質敏感的人來說，乳酪是最好的蛋白質代替品。

但是這種奶類食品若吃得太多，就會變成營養過剩，尤其是經過繁複加工的產品，都可能含有大量的熱量和脂肪，過量攝取反而容易發胖，增加身體的負擔，所以，要用正確的方式食用天然乳酪。量不在大，但是要長久持續（一般每 100 公克的天然乳酪，可提供 550 毫克的鈣質）。

現代人對飲食及健康觀念的轉變，也增加了乳酪的食用量。酷熱的天氣裡，一盤生菜沙拉配上乳酪和麵包，成為時尚的菜單；登山旅遊隨身攜帶幾塊小

硬酪，就可以做為暫時的充飢品，也能帶給人體更多的熱量、鈣質以及適
當的蛋白質。

　　Emmental 和 Comté 都是阿爾卑斯山區出產的硬質牛乳酪，因為凝乳後的
加熱過程讓水分蒸發掉了，含有的鈣質、維他命、礦物質就比其他乳酪多。
比方說，30 公克的 Emmental 乳酪約有 0.3 公克的鈣，等於喝 1/4 公升的牛
奶或 2 罐優酪乳，是成人每日的 1/3 攝取量。其他的 Mimolette、Tomme des
Pyrénées、Cantal、Morbier 等硬酪製作法，和 Comté 是一樣的，只是凝乳後
不加熱，所以營養質的濃縮度沒那麼高，比起 Comté 略差一籌。

✿ 4 乳酪的營養價值和成分為何？

乳酪中的營養素，包括了蛋白質、脂類、鈣質等，不同類型所含有的比例各不相同。

	種 類／營養素	蛋白質	脂 類	鈣 質	卡路里
100公克乳酪的營養含量	新鮮乳酪	6.5~9.5g	0~10g	75~175mg	45~160kca
	軟狀乳酪	20~21g	20~23g	150~380mg	260~350kca
	硬狀乳酪	24~27g	24~29g	657~865mg	326~384kca
	熟奶製成的硬狀乳酪	27~29g	28~30g	900~1100mg	390~400kca
	藍黴乳酪	20g	27~32g	720~870mg	414kca

通常一頭乳牛全年有 305 天可以供應 6000 公斤的乳汁，山羊有 240 天可以供應 650 公斤的羊奶，而綿羊全年只有 180 天可擠取 200 公斤的乳汁。

	種類／含量	牛乳	山羊奶	綿羊奶
1公升乳汁的營養成分	脂類	35~45g	30~42g	65~75g
	蛋白質	30~35g	28~37g	55~65g
	乳糖	45~55g	40~50g	43~50g
	礦物質	7~9g	7~9g	9~10g
	水分	888~915g	892~925g	838~866g
	重量	1032g	1030g	1038g

5 什麼是軟酪？

軟酪（Pâte Molle），顧名思義就是酪體柔軟的乳酪，一般的軟酪餅有著月餅般的個頭，黃澄澄或是白絨絨的外皮，散發出濃重的氣味。其製法是：乳汁不加熱，凝乳後注入模子內，自然瀝乾不加壓，成型的酪餅置放於酪窖中精煉，再經過擦抹、浸泡一段時間，讓其成熟，之後的酪餅質感滑溜。以下為兩種不同類型的軟酪。

1. 白黴軟酪（croûte fleurie）

精煉期時，置放在酪窖中的酪餅受到白黴菌的感染，微乾的外皮上產生了一種白粉狀的絨毛，這就是白黴軟酪，例如 Camenbert 乳酪。

AOC 級的乳酪有：Brie de Meaux、Brie de Melun、Camenbert、Chabichou du Poitou、Chaource、Charolais、Crottin de Chavignol、Neufchâtel、Pélardon、Pouligny Saint-Pierre、Selles-Sur-Cher、Valençay 等。

2. 擦洗軟酪（croûte lavée）

在乳酪的精煉過程中，把做好的酪餅浸泡在滷水中反覆洗刷，溫熱的鹽水會使得味道更容易進入酪餅中。有些酪農會把紅木（Rocou）的天然顏色加入滷水中來浸泡，或使用烈酒來擦洗，柔和的外皮呈黃褐色、溼答答、油亮亮，又是一種特別的風味。

AOC 級的乳酪有：Époisses、Langres、Livarot、Maroilles、Mont d'Or 或 Vacherin du Haut Doubs、Munster、Pont-l'évêque 等。

Q6 什麼是硬酪?

擁有汽缸或是圓鼓般的外型,酪質緊密細緻、具韌性,黃褐色的外皮乾燥而堅硬。製作所有的乳酪時都要先凝乳,就是透過發酵或是加入凝乳酶後,使乳汁變成兩部分:固體碎粒狀的凝乳塊和液狀的乳清。接著,取出凝乳塊放入模子裡,這時要決定日後乳酪的形式,依需要再做自然瀝水(軟酪)或是借用外力擠壓排去更多的水分(硬酪)。有兩類不同的壓榨硬乳酪:

1. 未煮過的硬酪(Pâte Pressée Non Cuite)

收集來的乳汁可稍微加熱,但不能超過50℃,再將凝乳塊置入模子後擠壓成型。接著,將成型的酪體浸泡在滷水中或用乾細鹽反覆擦拭一段時間,再置放到陰涼的酪窖裡,進行為期2週到1年不等的精煉,這種古老的鄉村製作方式多在奧維涅(Auvergne)地區使用。

較知名的乳酪有:Cantal、Laguiole、Mimolette、Morbier、Reblochon、Saint-Nectaire、Salers。

2. 煮熟的硬酪(Pâte Pressée Cuite)

將收集來的乳汁凝乳後,通常加熱到85℃,再入模加壓30~60分鐘,時間視乳酪體積而定,如此可使乾酪中的水分降到最少量,也利於保存。精煉後,再放到溫度較高的場所讓乳酪繼續熟成,它的內部會產生大小不一的氣泡。

這類的乳酪有:Abondance、Beaufort、Comté、Parmesan、Tête de Moine。

Q7 琳瑯滿目的乳酪要如何挑選？

　　國人出國頻繁，飲食逐漸趨於西化，乳酪也成為時下最夯的食物之一。雖然大賣場的陳列櫃上有琳瑯滿目的乳酪，提供消費者更多的選擇，可是很多人對於乳酪的認知還是停留在口味單純的加工乳酪片上，雖然對天然乳酪感興趣，卻不知從何挑選起。因為種類太多，要挑選出自己中意的乳酪的確不是一件容易的事。這時，不妨先從乳酪的外表著手，再從氣味和口感來挑選出自己喜愛的乳酪。

乳酪有以下幾種不同的形式：

1. 新鮮乳酪

牙膏狀的新鮮乳酪，在凝乳後不需經過精煉的過程，乳酸發酵菌應該存在到出售時，購買後需在有效期限日內食用，100公克的鮮乳酪中必須有 15 公克的乾酪質。在法國有牛、羊兩種鮮乳酪。暢銷品牌有 Fromage Blanc、Petit-Suisse。廠商常添加一些不同口味的水果、不同分量的糖脂和不同類別的穀物……等，來增加口味的變化和市場銷售量。

2. 軟質乳酪

將凝乳塊放入模型中，自然瀝乾水分，有著類似豆腐般的軟硬度。精煉時，乳酪的外皮會長出一層白黴菌，當它到達完全熟成的狀態時，酪體的內部也會漸漸變軟，質地濃稠滑流，散發出濃郁的奶香味、口感獨特，以 Camembert、Brie、Crottin de Chavignol 等乳酪為代表。若精煉時泡在滷水中或用乾鹽、烈酒擦拭，外皮會變成黃澄澄、溼答答狀，味道濃郁，像 Munster、Époisses 等乳酪即是。

3. 硬質乳酪

在製作過程中，加強擠壓除去其中的水分，精煉時間也較長，形成半硬

或硬狀，一般體積較大，質地緊實而沉重。因經過長時間的熟成，保存期也長，散發出濃醇甘美的奶香氣味，通常被切成塊狀或片狀零售。如阿爾卑斯山區的 Comté、Tomme de Savoie 乳酪，奧維涅山區的 Cantal 乳酪，羅亞爾河中、上游一帶的半硬羊乳酪都非常出名。

4. 藍黴乳酪

這是一種具有特殊風味的軟、半硬質乳酪，一般習慣稱它為藍黴乳酪。它是在凝乳過程中注入青黴菌（Pénicillium）進行熟成，內部的黴菌會長出大理石紋般或保麗龍泡沫粒形狀的美麗綠色紋路。強勁刺激的氣味、辛香濃烈的口感，都較白黴乳酪為重。最出名的藍黴乳酪莫過於法國奧維涅地方的 Roquefort 乳酪、英國的 Stilton 乳酪和義大利的 Gorgonzola 乳酪，號稱為世界三大藍黴乳酪。

Q8 乳酪是怎樣做成的？

　　乳酪是用新鮮或是經過高低溫消毒過的乳汁為原料，加入乳酸菌或是酵素，讓乳汁凝結，變成固狀凝乳塊和液狀乳清。接著，將凝乳塊填裝於模型後，再經過不同方式的壓榨、加鹽、等待其熟成，之後送到酪窖內精煉，就成為各種具有風味的乳酪。

　　使用未處理過的鮮奶為原料製成的乳酪中，保留了天然的微生菌，口感細緻。個體酪農牧場的產品和一些 AOC 級乳酪常用未處理過的鮮奶為原料，如果是以巴斯克法（Pasteurisé）消除乳汁中的微生菌，做出的乳酪可保存較長的時間，大多使用在量產的工場中。

製作乳酪的步驟

收購（Collecte）

乳汁可來自單一或是不同的養殖場，收購後盡快送到廠房，加溫到 30℃，以除去部分油脂和浮在表面的雜物。

加入凝乳酶（Emprésurage）

加入天然或是人工培養的酵素於乳汁中，之後會分成液狀乳清和固狀凝乳塊兩部分。

加入黴菌 (Ensemencement)

製作乳酪時，常噴灑或是注射 Penicillium 菌入內。（視乳酪種類而定。）

形成凝乳塊（Caillage）

碰到酵素的乳汁就會凝成像豆腐腦一樣的凝乳塊。

鑄型（Moulage）

將要擠壓成型的凝乳塊盛入模子內，再利用自然或是外界壓力瀝乾成型。

精煉（Affinage）

做好的酪餅置放在陰涼通風的窖房內，風乾及擦洗的時間和次數，視產區、乳酪的大小而定，熟成後就可包裝上市了。

擦洗（Salage）

將出模的雛形乳酪，用鹽水或是乾細鹽抹擦外表，是精煉時必需的工作。除了新鮮乳酪外，所有的乳酪都有浸泡、擦抹的步驟。

🍷9 認識乳酪的類別

　　法國是一個乳酪出產大國，且有相當的歷史了，估計至少有 500 多種不同的乳酪出自於全法各地。此外，區域的概念很早就存在了，某些地方的產品風味就是比較豐腴，甚至有季節性的變化。1411 年，法王查理六世准許只有羅克福鎮（Roquefort）地方居民出售的乳酪，才能稱為羅克福乳酪（Le Roquefort，它是南法的一種藍黴乳酪）。1666 年，土魯斯（Toulouse）市議會首先訂立了乳酪管理法規，之後法條再漸次增改。到了 1919 年，

農業部第一次頒布產品管理的法令條文，對於入 AOC 級的乳酪，要求在乳汁的收集、製作方式、精煉時間等方面，都要依照規定來操作，並由國家原產物監管局 INAO（Institut National des Appellations D'origine）執行督導，就像酒類、某些農產品醃漬物的管制一樣。違反規定的乳酪製作業者，將依情節處以罰金或是 3 到 12 個月的拘役。

　　雖然法國有這麼多種乳酪，各地區的產量差異也大，目前有 46 種晉升為 AOC 級（29 種牛乳酪、14 種山羊乳酪、3 種綿羊乳酪）。合格的產品都會蓋上品質標籤以示證明，讓購買人很容易區別出來。

4 種類別的乳酪

　　外層的包裝盒（紙）上註明的 Fermier、Artisanal、Laitier、Industriel 幾個字，意示著製作方法的不同，並沒有等級上的差異。

　　1. Fermier（個體酪農）：散布在全國各高山牧草區、偏遠鄉間的一些中小乳酪製作業者，只能使用自家飼養牛羊的乳汁，用古老的傳統方法製作，即使是緊鄰牧場出產的乳汁也不得使用，因此產量有限，此類產品多半在當地的市集、大都市的專賣店、展覽會場上出售。

　　2. Artisanal（本土工藝）：製作業者使用自家飼養牛羊的乳汁，或是向別人購買乳汁，以傳統的手工方法製作乳酪，產量也有限。

　　3. Laitier（小廠製作）：乳酪廠向幾個固定的養殖戶收購乳汁來製作。生產量較多，一般在全法國各地的商店、大賣場都可以買得到這類的產品。

　　4. Industriel（工業生產）：製作廠商向不同的養殖戶，甚至到更遠的鄉縣收購乳汁，以現代化方式量產，產品還外銷全球各地。

Q10 什麼是 AOP 和 AOC？

　　AOP 是歐盟國家對農產品的一種認證，完整名稱為 Appellation d'Origine Protégée（原產區聲名保護），在法國叫做 AOC（Appellation d'Origine Contrôlée），就像葡萄酒、醃漬物一樣，除了乳汁的來源地、品質上的監管，還要遵守傳統的製作法，並帶有原產地域的風土味。全法一共有 46 個 AOC 級的牛、羊乳酪產區，很多都是處於偏遠的鄉間。

AOP　　　　　　AOC　　　　　　IGP

Q11 為何法國人天天吃乳酪都吃不膩？

法國氣候溫和、全境地形地貌變化多端，到處都長滿了肥嫩的牧草，足以滋養出許多肥壯的牛羊，早年因偏遠山區對外交通不便，為了解決乳汁的保鮮和搬運問題，養殖戶把過剩的乳汁做成各式各樣的乳酪存放起來，經過千百年的傳承和研究改進，加上各地畜種、牧草的不同，產品就演變成今日各種不同風味和特色的乳酪。根據統計全法國大約有 500 種不同種類的乳酪，從年產量只有幾百公斤的村鎮小酪農，到產量 34 萬公噸的 Emmental 乳酪都有，每個地區的居民都以自己的出品為傲。

乳酪也成了人們日常攝取養分的重要食品。法國人自古以來就習慣性地將乳酪融入到每日的飲食生活中，更把乳酪藝術化加入菜餚中，再結合葡萄酒，使得菜色更為豐富，變化多端，從單純的食物到各種美味複雜的大菜，都離不開這些奶製品。

法國有這麼多的乳酪，本地人從小耳濡目染經常性地品嚐、食用，想認識它們並不會太難，外國人也可從一些書報、雜誌的介紹中來瞭解。幾乎每區都有一種出名的王牌乳酪，而且產量大，極易買到，例如阿爾卑斯山區的高山乳酪、大巴黎地區的半軟乳酪、奧維涅地方的藍黴乳酪、羅亞爾河中游的山羊乳酪等。不妨先認識這些王牌，再慢慢深入尋覓其他的產品。

Q12 為什麼 Emmental 乳酪 內部會有洞孔？

Emmental 乳酪是一種採用牛奶為原料，凝乳後加熱再加壓的硬質乳酪，巨大的酪餅直徑 70~100 公分、平均重量 75 公斤，大約在 19 世紀出現於法國，也是今日全法最暢銷的乳酪，年產 34 萬公噸，有 60% 絞碎後用於料理上。全法各地都有出產，但只有 Emmental de Savoie、Emmental Français 和 Est-Central Label Rouge 是 AOC 級的 Emmental 乳酪。

在製作的最後階段，要把這些巨大的酪餅放入陰涼的酪窖內精煉，依傳統，上述 AOC 級中的前兩者至少需 10 週，後者（Est-Central Label Rouge 乳酪）需 12 週的時間，其他地區的 Emmental 不超過 10 週。精煉期要不斷浸泡、擦洗，讓外皮風乾變得緊厚，之後再轉放到比較熱（20~25℃）的酪窖中。這時因受熱，酪體內的細菌再度活動，其釋放出的二氧化碳無法透過密閉的外殼，因此在酪體內形成櫻桃大小的氣泡孔洞，外表也有點鼓脹。

這些孔洞可以顯示出酪餅的成熟度及內部細化狀態。過去是用小錘子來敲打酪餅，就像打鼓一樣「探聽」內部的變化，或是用扎針（筒）的方式「查看」內部的變化。現在多用聲納探測器瞭解內部熟成狀況，再決定它是否要再次回存到另一更冷的地窖降溫，以停止孔洞繼續形成。

Q13 在商店或食譜、雜誌上, 常見到的「Tomme」代表什麼意思?

在拉丁文中,「Tomme」是一塊、一份的意思,它是一種未煮過的中小型乳酪的通稱,並非專有名詞,所以後面都會加上出產村鎮的名稱以示區別。

Tomme 乳酪產品大多集中在阿爾卑斯山薩瓦(Savoie)區,出名的產品是 Tomme de Lullin 和 Tomme des Bauges 這兩種 AOC 級牛乳酪。另外,在庇里牛斯山(Pyrénées)區中,Tomme 羊乳酪的種類極多,尤其是地方上的

綿羊乳酪 Ossau-Iraty（AOC 級）更為出名。其他的地區也有出產，但是沒有這兩地那麼集中。

　　製作這種圓鼓形的酪餅，可採用牛、山羊、綿羊或是混合乳汁為原料，做一個酪餅所使用的乳汁量並不大，完成後的重量約在 1~3 公斤之間，製作的程序也不複雜，且因製作時經過壓擠手續，已排除了大量的水分，所以也利於存放及在市場上銷售。但是，這類產品無法像煮熟過的大型硬酪餅存放得那樣久。

　　這種高山乳酪的外皮有點紅灰斑，具韌性的酪肉散發出奶香和黴味，口感細緻。

　　在乳汁不豐盛的期間，通常難以做出大型硬圓鼓形的乳酪，而且製作奶油也需要牛奶，這時剛好可把多餘的牛奶拿來製作 Tomme 乳酪，所以它的產量也很大，而且很少是全脂的，常被法國人認為是一種可經常食用的健康食材。因含脂量不多（20~40%），在精煉一段時間後，變老的 Tomme 乳酪之外皮會有像松露一樣的皺紋。

Q14 如何辨別、購買、保存及切割乳酪？

　　選購乳酪就像選購葡萄酒，行動前最好要有一些基本認識。全法國有500多種不同的乳酪，加上世界各地的出產種類何其多，而這個數目還會繼續增加，好在一些出產國所製作的乳酪口味單純、變化也不大，容易認識。

　　在法國，一些交通不便的山區、鄉間，有些小個體酪農飼養了幾頭牲畜，擠取乳汁後，再採用傳統手法製作鮮美可口的乳酪，就在當地市集上

出售，五花八門式樣繁多，但是流通量不大。在大都會的超市和專賣店裡，常見到來自世界各地、不同風味的乳酪，種類很多，但它們牽涉到保存與熟成度的問題，選購時最好留意一下保存期限；又例如 Camembert 乳酪從初熟到熟透的過程都有不同的風味，購買時不妨先輕壓一下中間部位，感覺到內裡柔軟，就表示已經成熟了。或是請店長介紹產品，再品嚐一小塊，確認是否合乎自己的口味。想要更進一步認識它們，不妨先嘗試各產區主要的代表產品，再擴大到同區的其他產品，比較哪一種是自己的喜愛，之後再比較不同國家出品的風味，信譽、口碑、廠牌都可做為選購時的加分參考。

　　購買乳酪時，最重要的是吃多少、買多少，盡量避免購買事先切好的，尤其是高品質的軟酪，俗話說：「學習挑選乳酪，首先是眼力，其次是味覺，慢慢的兩者合一。」圓鼓形硬酪使用的乳汁在製作前都經過處理，因而較軟酪容易保存，且大圓鼓形乳酪又比小圓鼓形乳酪容易存放。選購時，可看它們的切割面，均勻漂亮、有微微的光澤和溼潤是為上選。白黴乳酪表面的白粉分布均勻、細密者為佳。藍黴乳酪的紋路均勻、質地滑膩、綠白對比清晰才算新鮮，擦洗乳酪的外皮要略略的溼潤，沒有坑疤、裂痕為上品。

　　乳酪中含有微生物，需要空氣，應避免乾燥，要置放在陰涼通風處。一般家庭用冰箱的通風度較差，適合短暫存放。切割後的刀切面，應用保鮮膜或蠟紙包好，留下其他部分繼續透氣。同時，不要和味道重的食物置放在一起，接觸久了將會失去原味，因乳酪和牛奶一樣，有非常容易吸味的特性。

　　乳酪、葡萄酒、棍子麵包是法國餐桌上的三寶，原料分別是乳汁、葡萄、穀物，三者都是靠著酵素作用製成，若欠缺了酵素，麵包不發，葡萄酒沒有酒精度，乳酪也缺少乳酪味。乳酪的濃厚、味道、氣味、堅實度，都和乳汁的來源、製作方法、精煉時間有關，尤其是乳汁的來源地。這就像葡萄酒的品質是和土地、氣候、釀造方式密不可分一樣。簡單的原物料靠著千變萬化的製作技巧，產生了美味可口的食品，這就是飲食的藝術。

　　清淡柔和的乳酪可搭配吐司類麵包，辛香的乳酪和紮實的鄉村麵包是很好的結合，藍黴乳酪最好選擇有乳香味、微甜的麵包。葡萄酒的搭配比較複雜，很多人總覺得乳酪是和紅酒搭配的，但這是不正確的觀念。西式大餐的最後一道菜通常是什錦乳酪，如果餐中已經飲用過紅酒，極難再回到

白酒，所以才會經常選用紅酒去搭配餐後的乳酪盤。一般乳酪可選擇果香味多、澀度少的紅酒，味酸的乳酪可挑選微甜、強勁的葡萄酒來搭配，味鹹的乳酪可選些酸口的酒。許多乳酪在單獨品嚐時，用白酒或甜酒來搭配的效果更好。

但葡萄酒並非乳酪的絕對搭配，其他的蘋果酒（Cidre）、啤酒、白蘭地、咖啡等，都可以搭配不同種類的乳酪，一切都還是以自己的喜愛為主。

品嚐乳酪時，要留意周遭的溫度，食用前 15 分鐘從冰箱取出，讓它散發出特殊香味。除了某些硬皮外，一般乳酪的外皮都可食用，且不同形狀的乳酪都有一定的切割方式，為的是讓品嚐者分享到各部位的變化狀況。

圓鼓形硬乳酪
這種切法是讓每位賓客能品嚐到乳酪各部位不同的變化。

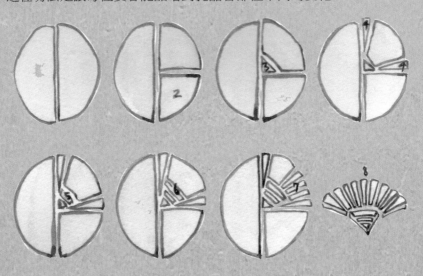

蛋糕形、方形的乳酪

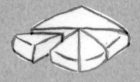

金字塔、長條形乳酪

汽缸形、烙餅形、月餅形的乳酪

Q15 乳酪和那些葡萄酒搭配較為適合？

　　葡萄酒的酸和乳酪的鹹是很自然的結合，但乳酪的種類極多，也不是所有類型的酒都可相互搭配。在準備乳酪什錦盤時，傳統上會盡量避免氣味太重的乳酪，因為它會擾亂優質葡萄酒的特性和風味。以下是各種乳酪適合搭配的葡萄酒。

白黴軟酪

　　柔軟的酪體味道微甜、細緻，知名的品牌軟酪有 Brie、Camembert 等，可搭配圓潤柔和的酒，如梅多克（Médoc）、波爾多（Bordeaux）、布根地（Bourgogne）、薄酒萊（Beaujolais），羅亞爾河安茹（Anjou）、梭密爾（Saumur）地方的紅酒。

擦洗軟酪

柔軟的酪體散發出強烈的氣味，表皮多呈橘、褐色，像 Langres、Livarot、Époisses、Munster、Pont-L'Évêque 等乳酪。可選些特性明顯的酒，例如格烏茲塔明那（Gewurztrminer），或是玻美侯（Pomerol）、渥爾內（Volnay）、玻瑪（Pommard）、侯安丘（Côte-Rôtie）、教皇新堡（Châteauneuf-du-Pape）等紅酒。

硬質熟乳酪

將凝乳後的固體凝乳塊加熱到 85℃再入模加壓、精煉。酪肉乾硬、果香味重、微鹹。此類乳酪多出自於阿爾卑斯山區，如 Beaufort、Comté、Emmental、Gruyère 等乳酪。可搭配果香味重的干白酒，或是選些酸味多的紅酒，阿爾卑斯山區的白酒，或是以夏多內（Chardonny）、黑皮諾（Pinot Noir）葡萄釀製的白、紅酒。

硬質生乳酪

先把收集來的乳汁稍微加溫，除去雜質或油脂後，再凝乳、入模、加壓、精煉。味道比硬質熟乳酪為重、體積也較小，如 Tomme de Savoie、

Tomme des Pyrénées、Cantal、St.
Nectaire、Gouda de Hollande 等乳
酪。可搭配一般的干白酒、不太
澀的紅酒。

藍黴乳酪

　　外皮呈癬狀的斑點，內部注入青黴菌後，形成大理石斑紋，口感鹹，
並帶有一股苔癬味。例如：Roquefort、Bleu d'Auvergne、Bleu des Causses、
Fourme d'Ambert 等乳酪，可搭配果香味多、強勁、特性明顯的白、紅甜
酒，例如索甸（Sauternes）、巴薩克（Barsac）、盧皮亞克（Loupiac）、
居宏頌（Jurançon）、班努斯（Banyuls）、莫利（Maury）、紅波特（Porto
Rouge）等產區的酒。

羊乳酪

新做好的酪餅外皮呈自然狀態或是滾撒過炭灰呈灰色，長時間精

煉後外皮微硬，並長出綠斑點。一般口感柔和、鹹中帶甘、氣味香甜、細緻，例如：Banon、Crottin de Chavignol、Valençay、St. Maure、Pouligny-St. Pierre、Ossau-Iraty des Pyrénées、Chevrotins 等乳酪。搭配以蘇維濃葡萄釀製的干白酒為宜。如果是紅酒，可選擇羅亞爾河中游傳統的希濃（Chinon）、梭密爾、都漢（Touraine）、安茹等產區的酒。

新鮮乳酪

新鮮乳酪常做為前菜，或是調製成餐後的糕點，可選格烏茲塔明那、梧雷（Vouvray）等口感微甜、香味重、強勁的白酒，或是選些甜酒，如索甸、巴薩克、盧皮亞克、居宏頌，來搭配餐後的糕點。如選用紅酒，常會有金屬口感，所以還是選果香味多的白甜酒為宜。

法國 AOC 級乳酪產地簡要圖

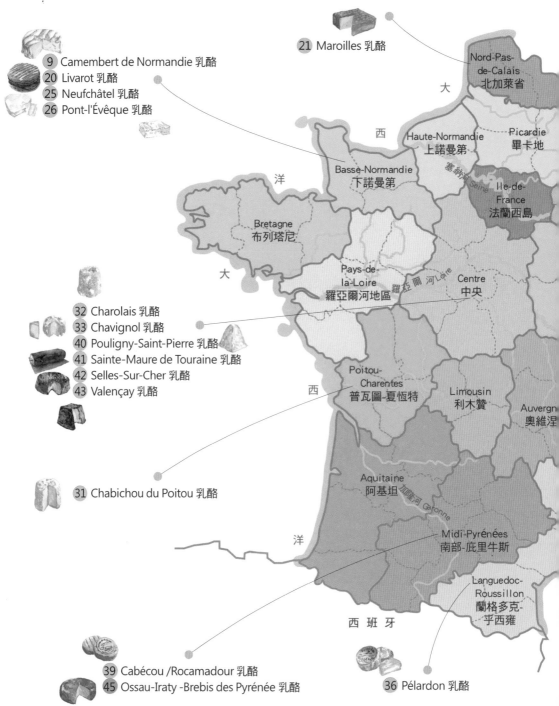

21 Maroilles 乳酪

9 Camembert de Normandie 乳酪
20 Livarot 乳酪
25 Neufchâtel 乳酪
26 Pont-l'Évêque 乳酪

32 Charolais 乳酪
33 Chavignol 乳酪
40 Pouligny-Saint-Pierre 乳酪
41 Sainte-Maure de Touraine 乳酪
42 Selles-Sur-Cher 乳酪
43 Valençay 乳酪

31 Chabichou du Poitou 乳酪

39 Cabécou /Rocamadour 乳酪
45 Ossau-Iraty -Brebis des Pyrénée 乳酪

36 Pélardon 乳酪

大

西

洋

大

西

洋

西 班 牙

Nord-Pas-
de-Calais
北加萊省

Haute-Normandie
上諾曼第

Picardie
畢卡地

Basse-Normandie
下諾曼第

基納河 Seine

Ile-de-
France
法蘭西島

Bretagne
布列塔尼

Pays-de-
la-Loire
羅亞爾河地區

羅亞爾 河 Loire

Centre
中央

Poitou-
Charentes
普瓦圖-夏恆特

Limousin
利木贊

Auvergn
奧維涅

Aquitaine
阿基坦

加隆河 Garonne

Midi-Pyrénées
南部-庇里牛斯

Languedoc-
Roussillon
蘭格多克-
乎西雍

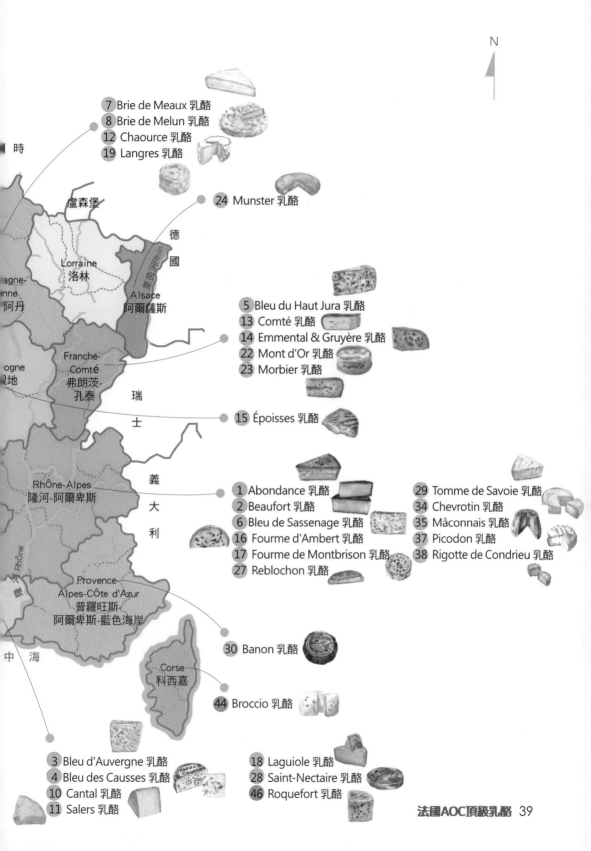

7 Brie de Meaux 乳酪
8 Brie de Melun 乳酪
12 Chaource 乳酪
19 Langres 乳酪

24 Munster 乳酪

時

盧森堡

德
國

Lorraine
洛林

萊茵河/Rhin

Alsace
阿爾薩斯

5 Bleu du Haut Jura 乳酪
13 Comté 乳酪
14 Emmental & Gruyère 乳酪
22 Mont d'Or 乳酪
23 Morbier 乳酪

Franche-
Comté
弗朗茨-
孔泰

瑞

士

15 Époisses 乳酪

義

大

利

Rhône-Alpes
隆河-阿爾卑斯

1 Abondance 乳酪
2 Beaufort 乳酪
6 Bleu de Sassenage 乳酪
16 Fourme d'Ambert 乳酪
17 Fourme de Montbrison 乳酪
27 Reblochon 乳酪

29 Tomme de Savoie 乳酪
34 Chevrotin 乳酪
35 Mâconnais 乳酪
37 Picodon 乳酪
38 Rigotte de Condrieu 乳酪

Rhône

Provence-
Alpes-Côte d'Azur
普羅旺斯-
阿爾卑斯-藍色海岸

30 Banon 乳酪

中

海

Corse
科西嘉

44 Broccio 乳酪

3 Bleu d'Auvergne 乳酪
4 Bleu des Causses 乳酪
10 Cantal 乳酪
11 Salers 乳酪

18 Laguiole 乳酪
28 Saint-Nectaire 乳酪
46 Roquefort 乳酪

02

乳酪點點名：
46 種法國
AOC 級乳酪

① Abondance 乳酪

② Beaufort 乳酪

③ Bleu d'Auvergne 乳酪

④ Bleu des Causses 乳酪

⑤ Bleu du Haut Jura 乳酪

⑥ Bleu de Sassenage 乳酪

⑦ Brie de Meaux 乳酪

⑧ Brie de Melun 乳酪

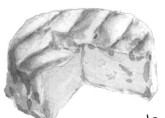

⑨ Camembert de Normandie 乳酪

⑩ Cantal 乳酪

⑪ Salers 乳酪

⑫ Chaource 乳酪

⑬ Comté 乳酪

⑭ Emmental & Gruyère 乳酪

⑮ Époisses 乳酪

⑯ Fourme d'Ambert 乳酪

⑰ Fourme de Montbrison 乳酪

⑱ Laguiole 乳酪

⑲ Langres 乳酪

⑳ Livarot 乳酪

㉑ Maroilles 乳酪

㉒ Mont d'Or 乳酪

㉓ Morbier 乳酪

㉔ Munster 乳酪

㉕ Neufchâtel 乳酪

㉖ Pont-l'Évêque 乳酪

㉗ Reblochon 乳酪

㉘ Saint-Nectaire 乳酪

㉙ Tomme de Savoie 乳酪

1 Abondance 乳酪

　　Abondance 乳酪是出產在阿爾卑斯山區上薩瓦省（Haute-Savoie）的一種硬狀熟乳酪，採用三種乳牛（Abondance、Tarine、Montbéliarde）的乳汁。若地區上的中小酪農（Fermier），自己養殖牛群，只採用其乳汁製作酪餅，則可獲得藍橢圓形標，其他生產者的產品則張貼方形標籤。

　　這種中小型圓鼓形的硬酪餅，重量在 7~12 公斤之間，每 100 公克的乳酪中，至少要有 58 公克的乾酪質和 48% 脂肪。

　　一般放牧式牛隻的乳汁，每 100 公升可做出 9.5 公斤的 Abondance 乳酪。首先，將收集的乳汁加熱到 32~35℃，再加入凝乳酶不停地攪拌，待乳汁逐漸凝固成顆粒狀，將固狀凝乳塊和液狀乳清分開（乳清可回收再提煉出奶油），然後將凝乳塊從 30℃ 加熱到 50℃。如果加熱太快或是分離時間拖太久，都會影響到熟成過程（如酪餅鼓脹、龜裂）。等到凝乳塊的顆粒變得乳白、有韌性、微甜時，再把這些乾酪放置在帆布做成的模子裡，利用繩索縮緊模壁，以得到需要的尺寸，並除去被擠出來的乾酪。

本區出產的牛、羊乳酪產品極多，有 Beaufort、Beaumont、Besace、Bleu de Bresse、Bleu de St. Foy、Bleu de Termignon、Bleu du Dévoluy、Cabrigan、Chèvre de St. Pancrase、Chèvre du Dauphine、Chèvre de Lenta、Chèvrotin de Macot、Chèvrotin、Chèvrine、Chèvrotin de Montvalézan、Chèvrotin de Peisey-Nancroix、Chèvrotin de Aravis、Chèvrotin des Bauges、Chèvrotin du Montchnis、Calombière、Calombier、Emmental、Fourme de l'Ardéche、Fourme de Montbrison、Mont d'Or de Lyon、Pavé Ardèchois、St. Félicien、St. Marcellin、Sarment d'Amour、 Picodon、Raclette Au Poivre、Raclette de Savoie、Rigotte Condrieu、Reblochon de Savoie、Tomme Au Marc、Tomme de Belley、Tomme de Lullin、Tomme des Beauges、Tomme du Diois、Tomme du Revard、Tomme de Valentinois、Tomme de Vivarais、Tomme de Brebis、Tomme de Alpes、Tomme des Bauges、Tomme de Chartreux、Tomme de Combovin、Tomme de Corps、Tomme de Crest、Tomme de Romans、Tomme de Savoie、Tomme du Vercors、Tomme de Berbes、Vacherin des Aillons、Vacherin des Bauges、Vacherin d'Abondance。

之後，把數個酪餅堆放在一起，利用其重量加壓約半小時，成型後立即取出，同時黏貼酪蛋白標記。接著，繼續上下翻轉幾次，等帆布開始變乾後就可取出，置放在 13~16℃的窖房讓外皮變乾，再浸泡在滷水中 12 小時以防止外皮發霉。取出後，將酪餅放在 12~14℃的場所風乾，1 天之後，轉到 12℃、95% 溼度的窖房，做為期 3 個月的精煉，每 2 天要用粗鹽擦洗酪餅，以防止黴菌滋長。待外皮變硬後，精煉過程也完成了。

　　精煉後的酪餅氣味重，口感甘、酸平衡，有榛子味，灰褐色的外皮上長了班點，但不能食用。

　　可搭配低齡澀度輕的紅酒，如波爾多、隆河谷（Côte du Rhône）、薄酒萊、薩瓦酒（Vin de Savoie）、村莊夜丘（Côtes de Nuits-Villages）。

● 高山乳酪

當春天雪溶後，阿爾卑斯山上薩瓦區（Haute-Savoie）的養殖戶會把牛群趕到山上去覓食新鮮的嫩草，當牧草吃光時，再漸次把這些牛群趕到更高處新牧草區覓食。到了 8 月中，走到終年積雪處，才停止向上登高，這段時間，牛隻有足夠鮮美的牧草來進食，且草中夾雜一些小野花，產生的乳汁會特別香甜，在這段放牧期，酪農們會在山中的小屋內擠奶製酪。大約在 10 月初第一次降霜後，他們會把牛群漸次趕下山，依原路返回村落。

② Beaufort 乳酪

　　製作 Beaufort 乳酪是採用阿爾卑斯山薩瓦、上薩瓦省內飼養 Tarentaise、Abondance 乳牛的乳汁，這些牛群從春天到秋天都可吃到足夠的新鮮牧草，當中夾雜著許多小野花，其葉綠素、紅蘿蔔素會帶給牛奶大量的香氣和味道，冬天又有同區豐富的儲存草料，而不是來自外地的發酵食品，因而能產出高品質的牛奶，含有豐富的脂肪和蛋白質，而且兩者平衡良好。在薩瓦區，除了製作 Beaufort 乳酪外，這種牛奶還拿來製作成 Reblochon、Abondance、Tome des Bauges 等其他的乳酪。

　　每頭牛每年的供乳量平均是 5200 公斤，做出 1 公斤的 Beaufort 乳酪需要 12 公升的牛奶，完成後的圓鼓形酪餅重約 45 公斤，含有 48% 的脂肪，且每 100 公克中有 62 公克的乾酪。

　　有兩種版本的 Beaufort 乳酪，夏季高山放牧時製成的乳酪顏色微黃，冬天圈牧時期生產的乳酪顏色較白。在 AOC 條文中，規定至少要 4 個月的精煉期，這段

隆河、阿爾卑斯區乳酪產品

參見「1.Abondance 乳酪」。

時間酪餅要不斷地在滷水中浸泡、刷洗、擦拭。剛上市的新 Beaufort 乳酪帶有輕微的奶香、花香、蜂蜜味，酪體柔軟，時日久了之後，酪體微硬、略帶酸鹹，口中餘香味極長。每年 11 月初就可見到新上市的放牧乳酪，也是品嚐的時候了。

有些酪商會把精煉的時間延長一年，並調整酪窖的環境（溫度由 15℃降至 9℃、溼度增加，一週兩次的浸泡處理），酪肉的顏色也會由蒼白變成鵝黃，溼潤的外皮隱藏著一層灰色物，慢慢地融入酪體，味道較新乳酪複雜，口味及鹹度都重。

可搭配夏多內葡萄釀製的白酒、本地出產的賽榭（Seyssel）白酒為宜，也可以搭配果香味多、澀度不大的紅酒，例如馬貢、薄酒萊鄉村級的紅酒。

③ Bleu d'Auvergne 乳酪

　　奧維涅（Auvergne）地方一般指中央山脈中、南邊的四個省：阿列（Allier）、康塔爾（Cantal）、上羅亞爾（Haute-Loire）和多姆山（Puy-de-Dôme），此地為大西洋、地中海、隆河區的交會走廊處，是古老的火山地帶，海拔 1000 多公尺，風化的火山岩土層厚又肥沃，也是個準臺地平原區，上面長滿豐富的牧草，當中夾雜許多野菇菌，足以飼養成群的牛、羊。

　　區內有三種壯碩的乳牛（Bovines、Salers、Aubrac）供給全區的乳汁，製成不同風味的乳酪，也是法國重要的乳酪生產搖籃區。自從有了牲畜的養殖後，本區就開始產製乳酪了。區內有很多石灰岩山洞，洞裡地面泥濘潮溼，並由紋狀的洞壁中灌入清涼的北風，剛好適合做為儲存及精煉的場所。

　　Bleu d'Auvergne 乳酪是奧維涅地方出產的藍黴乳酪，它們的製作方法和Bleu des Causses 藍黴乳酪相同。這兩種汽缸形乳酪都產自奧維涅山區，但是行政區內的地貌、土壤、牛種全不一樣，做出來的乳酪極為相似，但風

同產區乳酪產品

範圍：奧維涅區的康塔爾省、上羅亞爾省、多姆山省、阿列省；南部－庇里牛斯區的 阿韋龍省（Aveyron）、洛特省（Lot）；利木贊區的科雷茲省（Corrèze）；蘭格多克－乎西雍區的洛澤爾省（Lozère）。

產品：牛乳酪 有 Aligot、Bleu de Causses、Laguiole（AOC 級 ），Anneau du Vic-Bilh、Bamalou、Bethmale、Bouyssette、Cabri Ariégeois、Fourme de Laquiole、Les Orrys、Oustet、St. Christophe、St. Larry、Rogallais、Tomme de Lomagne。

羊乳酪則有 Cabécou、Rocamadour、Roquefort（AOC 級 ）、Bouyguette des Colines、Brebis de La Cavalerie、Brebis de Meyrueis、Brebis des Dombes、Brique Rieumoise、Cabécou、Cabri Ariégeois、Chèvre de Bigorre、Chèvre de Cierp-Gand、Chèvre de Gascogne、Chèvre de l'Albigeois、Chèvre de l'Ariège、Chèvre des Pyrénée Ariègeoises、Chèvre de Lazac、Chèvre du Querey、Coeur de St.Félix-Lauragais、Délis des Cabasses、Fiancé de Pyrénées、Figuette、Fleury、Galette du Val d'Dagne、1909 Fromage du Centenaire、Lingot de La Ginestarie、Lou Sotch、Pavé de La Ginestarie、Pérail、Pechegos、Rocaillou de 'Aveyron、Rouelle du Tarn、St. Christophe、Tomme de Penne、Toumalet。

味完全不同。Bleu d'Auvergne 乳酪有大圓形、小圓形、長條狀三種規格，後者常切塊真空包裝後外銷。它的酪體溼潤、黏著、斑紋規則，有輕微的酸味、刺激性的黴菌加上核桃味，含有 52% 乾酪質、50% 脂肪。適合拌生菜沙拉、做醬汁、佐料、加熱後拌麵。

可搭配南邊地區的干性白酒或是紅、白甜酒，如索甸、蒙巴易亞克（Monbazillac）哈斯多（Rasteau）。

④ Bleu des Causses 乳酪

　　早年 Roquefort 藍黴乳酪是用牛、羊或是混合的乳汁製作，1926 年起規定 Roquefort 乳酪只能用綿羊奶製作，如用牛奶製作的藍黴乳酪則為 Bleu des Causses 藍黴乳酪，做成的酪餅置放在石灰岩山洞裡精煉，吹進洞裡的清涼溼潤北風，助長了藍黴的滋長。夏季製作出來的酪餅溼潤，為象牙黃色；冬季出產的呈現蒼白色、味道重；其中含有 53% 乾酪質、45% 脂肪。

　　適合使用在正餐後的什錦乳酪盤裡，搭配紅甜酒（班努斯、莫利），波爾多地區的白干酒、甜酒。

奧維涅區乳酪產品

在奧維涅地區還出產了其他非 AOC 級的藍黴牛乳酪：Bleu de Costaros、Bleu de Langeac、Bleu de Laqueuille、Bleu de Loudes。

⑤ Bleu du Haut Jura 乳酪

位於阿爾卑斯山北邊德、法、瑞交界處的侏羅（Jura）山區，在法國境內包括了弗朗茨－孔泰（Franche-Comté）、隆河－阿爾卑斯（Rhône-Alpes），一直到北邊的阿爾薩斯（Alsace）一帶，1700公尺高的山巒上長滿了樹林、草原，有足夠的牧草來飼養成群的牛、羊，並生產出高品質的乳汁。

隆河－阿爾卑斯區乳酪產品

本區還出產 Comté、Morbier、Mont d'Or、Bleu du Jura、Marnirolle、Cancoillotte、Montagnard、Lomont，以及羊乳酪 Chevret、Bilou。

13 世紀時，被放逐的修士把這種製作藍黴乳酪的祕方帶進本地，到了今日，全區製作業仍然用手工來製作乳酪。安省（Ain）和侏羅山區的牧草中夾雜著一種含有黴菌的小野花，牛隻吃了之後，乳汁特別芳香，這種黴菌也隨著牛奶帶到乳酪中。做好的酪餅再注入青黴菌，用滷水浸泡後，置放在酪窖中精煉，到第 10 天時，要用針扎孔，讓酪餅中的二氧化碳排出。

薄薄的乳酪外皮會變成青褐色，上面長滿了粉狀的白黴菌，食用前只要刷掉就好了。精煉後的酪餅外皮甘甜，散發出榛子的香甜味、草料味，隨著時間會長出紅斑；而空氣透過針孔的扎痕進到酪體內，會使蒼翠色的黴菌滋長增加，之後保存在溼度較低的庫窖內，再進行為期 3 到 5 週的精煉，之後在外皮打上 Gex 的烙印。

Bleu du Haut Jura 乳酪包括 Le Bleu de Gex 和 Septmoncel 兩種，搭配甜酒為宜，如波特（Porto）、Vin Paille de Jura、Pineau des Charentes、莫利、天然甜酒（VDN）、巴薩克等。

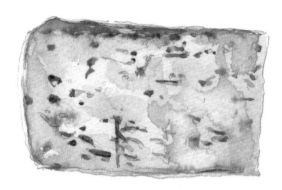

⑥ Bleu de Sassenage 乳酪

　　它也是一種藍黴乳酪，產在里昂市東南一百多公里的山區小鎮——薩瑟納格（Sassenage）鎮，靠近格勒諾布爾（Grenoble）市。為了提高生產量，14 世紀時薩瑟納格伯爵規定用乳酪來折算稅金，影響到今日。這種藍黴酪是用加熱過的舊奶混和新鮮的生奶為原料，製作時要依照呈報的計畫進行，並供相關單位查驗，產品幾乎都是由個體酪農出產。口感特別鮮美、細緻。這種高山乳酪產量不大，夏、秋季食用為宜，可搭配 Banyuls、天然甜酒（VDN）、波爾多地方的甜酒。

里昂市

同產區乳酪產品

範圍：隆河 - 阿爾卑斯區的安省。
產品：有相似的乳酪 Bresse Bleu、Bleu de Termignon、Petit Bayard，但都不是 AOC 級。

⑦ Brie de Meaux 乳酪　⑧ Brie de Melun 乳酪

　　Brie 乳酪出自於大巴黎盆地東邊，塞納河上游的香檳（Champagne）、洛林（Lorraine）兩省的部分土地上，這區出產的軟式乳酪種類極多，AOC 級的有 Brie de Meaux 和 Brie de Melun 兩種，前者直徑約 35 公分、厚度 3.5 公分，後者體積略小，為直徑約 30 公分、厚度 3 公分，主要是採用圈養 La Prim'Holstein 種牛的乳汁。

　　製作 Brie de Meaux 乳酪時，牛奶並不加熱，保存了天然的微生物，乳餅散發出濃郁的乳香、蘑菇、乾果、羊齒草味，口感油潤，白絨絨的外皮略帶點輕微的苦澀味，外皮會隨著時間長出紅斑。

同產區乳酪產品

範圍：大巴黎區的塞納－馬恩省（Seine-et-Marne）。中央區的盧瓦雷省（Loiret）。香檳－阿丹區的奧布省（Aube）、上馬恩省（Haute-Marne）、馬恩省（Marne）。洛林區的默茲省（Meuse）。布根地區的樣能省（Yonne）。

產品：Brie Fermier、Brie Noir、Brie de Coulommiers、Brie de Nangis、Brie de Montereau、Brie de Provins、Brie de Melun Bleu，Brie Petit Moulé、Butte de Doue、Chevru、Coulommiers、Délice de St.Cyr、Explorateur、Fontainbleau，Fougerus、Grand Vatel、Gratte Paille、Pierre-Robert、St. Jacques，但都不是 AOC 級。

Brie de Melun 酪餅的體積較小，製作時凝乳 18 小時做乳酸發酵，（Brie de Meaux 乳酪為半小時），精煉的時間也長，因此氣味較重、外皮疙瘩狀、口感油潤、奶油味多、微鹹。常做為餐後的什錦乳酪拼盤。

兩者都是 AOC 級乳酪，可搭配層次較高一點、口感溫和的紅酒，如聖茱莉安（St. Julien）、馮內 - 侯瑪內（Vosne-Romanée）、羅亞爾河區的紅酒、香檳酒。非AOC 級的乳酪，可搭配所有的紅酒。

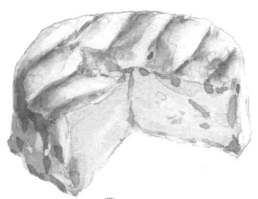

9 Camembert de Normandie 乳酪

　　出自於諾曼第區的 Camembert 是一種軟質乳酪，圓餅形的軟乾外皮上長滿了白毛氈，同時散發出一種白蘑菇、稻草、麝香氣味，又有一點微微的苦鹹味，入口即化，細緻高雅。它沒有藍黴、羊乳酪那麼多的氣味，但又比一般硬片乳酪氣味重，對於乳酪有興趣的愛好者，不妨先從 Camembert 乳酪進入，來品嚐、探討乳酪世界的奧祕。

　　早年的 Camembert 乳酪並不像我們今日所見的盤中物，它也是近兩個世紀以來慢慢發展演變，而奠定了今日的基礎。18 世紀初，由於奧杰（Auge）地方農業政策的變動，附近的耕地和樹林都被闢改為牧場，飼養的乳牛也大量增加。這種諾曼第種的乳牛產乳量極為豐富，又有足夠的鮮嫩糧草來進食，可以產生極佳的牛奶來製作各式的乳酪。1850 年，由奧杰通往巴黎的鐵路鋪設完成，原本三天才能到達大巴黎地區的運輸牛車，被只要 6 小時的蒸氣火車取代了，而且火車的運輸量也大，連同其他的農產品都很容易輸出，也讓更多的巴黎人認識了奧杰地方的乳酪，需求量突然大增，一些小農場沒有足夠的牛奶來製作產品以應付顧客，逼不得已只能向鄰近的牧場尋購。為了改善在搬運路途中牛奶酸度增加的問題，酪農們也研究出很多新技術來處理不同來源的牛奶。Camembert 乳酪真正的突破是包裝上

的革新，把它們裝入薄木小圓盒內，更容易攜帶和搬運，方便運送到更遠的地方。

銷路及名氣增大之後，一些外地產品也打著 Camembert 乳酪的招牌出售，品質參差不齊，到了世紀末，竟有四分之一的產品不是出自於諾曼第區。地區上許多大廠家和字號都呼籲要正名及保護區域內產品的水準，結果都無疾而終。雖然這些乳酪的製作技術都是奧杰地方酪農們累積世代相傳的經驗，可是文獻紀錄上並沒有指出 Camembert 乳酪的真正製作者。到了 1924 年，奧爾良（Orléans）地方法院才正式宣布：只有出自於奧杰地方的牛奶做成的乳酪，才能稱為 Camembert 乳酪，其他地方的產品不能掛用此名。1984 年，成立了「AOC Camembert de Normandie」法定產區，範圍擴及整個諾曼第區，規定區內牧場生產的牛奶，必須依照傳統方式來製作乳酪，禁止在區外製造。

乳酪品質與採用的牛奶有關，奧杰地方的乳酪如此美好，其祕訣就在於它的乳質。諾曼第區氣候溫和，又有規律的雨量，黏土質的牧場草原不斷地長出鮮嫩牧草，當中還夾雜一些小野花類的植物，牛群有足夠的糧草進食，所以能產出大量高品質的牛奶。依四季天氣的變化，草料的生長狀況

也不一樣，在夏末秋初把要儲存的牧草收割完畢後，地面上還會冒出一些再生草，味道更豐厚，牛奶的味道也不一樣。許多美食家都喜愛購買 10 月份製成的 Camembert 乳酪，這時也接近狩獵的季節，用乳酪來搭配野味成為地方美食的特色。

　　製作 Camembert 乳酪和做其他乳酪一樣，在規定的產區內，早、晚各擠取一次鮮奶，運送途中保持 12℃，到廠房後稍微加熱，除去一些雜質和 20% 脂肪，熱度達到 30℃時，加入天然凝乳酶或是人工培養的酵素，約 2 小時後，乳汁凝結成豆腐腦狀的凝乳塊，稍微攪勻後，用計量杓將乳漿輕輕地盛入圓筒模（13×11.5 公分）中，在 45 分鐘之內至少要陸續舀 5 次，總計量為 2.2 公升的牛奶，之後再進行為時 20 小時的自然瀝乾。等到模子裡的凝乳塊快要瀝乾時，就在其上放一塊 95 公克的金屬片壓置一夜，就成為柔軟油亮 Camembert 乳酪的雛型。

　　每個酪餅含 215 公克的乾酪質、45% 脂肪，啟模後，先噴灑用水稀釋的青黴菌，再用細鹽擦抹後，存放到清涼潮溼的乳酪窖中精煉。精煉期，酪餅的外皮開始形成，需要不停地上下翻轉使其乾燥，8 天後，酪餅厚度也減少了。約 2~3 週後，Camembert 乳酪的外皮會長出一層含有各種微生物的白氈，有時還會帶點淺紅斑，

這都是自然現象。精煉完成後，每塊乳酪用蠟紙包好，再放入薄木片製成的小圓盒內。上面都會註明保存期限，如有「Fermier」，表示製酪的牛奶出自單一牧場，而「Laitier」是混合不同牧場的牛奶製成的。諾曼第區面積相當大，其中又以 Le Pays d'Auge、Le Bassin d'Isigny、Le Bocage Ornais、Le Cotentin 等地的出品比較具有特性。

　　Camembert 乳酪要放在陰涼的地方避免過乾，如果家裡沒有專用的冰箱，可用報紙或是溼布包好，放在一般冰箱的果菜格內。通常在 18~20℃時食用。它的味道會隨時間、溫度而變化。從狀態、顏色的變化可以知道它存放的時間：離保存期限的 35 天以前，酪餅為雪白色、硬度大、易碎、氣味溫和、口感帶一點酸。離保存期限的 25 天以前，酪餅中心硬、呈白色、周邊顏色略深、有點油脂狀、味道重、半熟型。離保存期限的前 10 天，外表脫色、有點橘班、酪餅柔軟、散發多種氣味，成熟型，也是最佳的食用期。

　　新鮮的 Camembert 乳酪可用來做綜合三明治，半熟型、全熟型的 Camembert 乳酪可配黑麵包或是棍子麵包，慢慢地欣賞它的細膩、芳香，也不妨來杯美酒，搭配的葡萄酒要果香味多、澀度輕中淡型的紅酒為宜，例如鄉村級的薄酒萊、羅亞爾河區的紅酒，或是淡型白甜酒、白波特酒都可以。其實，Camembert 乳酪的最佳搭配是諾曼第出產的西打酒（蘋果酒），以味道重的 Camembert 乳酪配一杯蘋果白蘭地（Calvados），各位不妨一試。

⑩ Cantal 乳酪　　⑪ Salers 乳酪

　　羅亞爾河上游奧維涅區康塔爾山的牧草區，面積高達 60 萬公頃的土地，包括了科雷茲（Corrèze）、阿韋龍（Aveyron）、多姆山、上羅亞爾四個省，水量充沛、火山土中含有豐富的磷、鉀、鎂等礦物質，牧草生長得特別快，足以飼養成群的牛羊，供應大量的乳汁，能做出各式各樣大、小型的乳酪。

(1) Cantal 乳酪

　　圓鼓形的 Cantal 是種硬質乳酪，採用未煮過的生牛奶製成，有大、中、小三種尺寸，重量分別為 10、20、40 公斤。製作時，是將收集的牛奶熱到 32℃時加入凝乳酶，過 1 小時凝成塊粒狀的凝乳塊後，再輕微攪拌成細粒狀，做第一次的加壓，排去乳清。置放 10 小時後，讓凝乳塊穩定，再絞碎，加入食鹽，置入模子裡，依酪體的大小進行為時 12~24 小時的第二次加壓。起模後，送到 10℃的酪窖開始

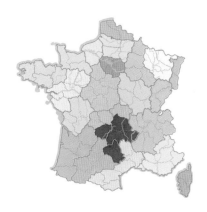

奧維涅區產品

同區有五個列入 AOP 級的乳酪：
Cantal、Salers、St. Nectaire、Foume
d'Ambert、Laguiole。

精煉。最初的 30 天，需進行每週 2 次的上下翻轉和擦洗。之後就是年輕的
Cantal 乳酪，會散發出清淡的牛奶香味。

　精煉 2~6 個月的酪體會變硬，外皮呈暗金色、長出小泡，氣味變得更濃
重，列為中間乳酪。經過 6 個月以上精煉的酪餅，外皮帶點紅色、酪體堅
實、味道更複雜，則為老 Cantal 乳酪，常是老饕的最愛。

　一般 100 公克的乳酪中，乾酪質都低於 50 公克，可是 Cantal 中卻含有
58 公克的乾酪，咀嚼時可感覺到堅實、緊密的口感，具完美的香味。通
過檢驗的酪餅，會在暗硃色的外皮上釘個小鋁牌註明：「Caxxx」，表示
Cantal 和製作的廠址。

(2)Salers 乳酪

　奧維涅區康塔爾山每年有 6 個月的積雪期，4、5 月時，放牧人會把牛群
趕向高山牧草區，然後就在山間小屋就地製作乳酪。1961 年，AOC 條文
規定：每年夏天（5 到 10 月）在高山放牧期內取得的牛奶做出來的才算是
Salers 乳酪，同時要在外皮上烙一個紅火印。酪農採用能適應高原環境的本
土種牛 Salers 的乳汁。這種高品質的牛奶中，含有 34% 蛋白質和 38% 脂肪，
甚至它的牛肉肉質也是一流的。在全部 AOC 級產品中，是唯一全由個體
酪農製作的乳酪，精煉後散發出乾果、野花香味。可搭配高品質、不宜太
酸的干白酒，果香味多的紅酒，像是勃根地、普羅旺斯、貝沙克雷奧良白
酒，勃根地、南隆河谷、利布爾內（Libournais）區的紅酒。

　製作 Cantal 乳酪的乳汁來源沒有 Salers 乳酪這樣的限制，它是全年性的
乳酪。

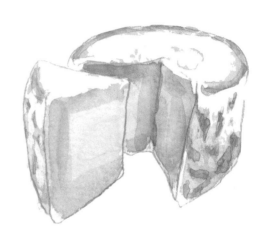

⑫ Chaource 乳酪

這種古老的乳酪出自於洛林、香檳、布根地交界地帶。中世紀時，修道院的僧侶們蒐集了各村鎮上的傳統祕方，綜合後做出這種乳酪，使用牛奶的種類也較廣泛。月餅形狀的酪體沒有經過壓榨，精煉 2 週的時間，外表起皺，長滿了白毛氈，半軟的酪心入

口既化，清香可口，因有 50% 脂肪，口
感較油滑。有本土工藝與工業生產兩種
類別。

可搭配香檳區的干紅酒、粉紅香檳，樣
能省（Yonne）的紅、白酒，蘇維濃釀製的
干白酒。

⑬ Comté 乳酪

Comté 乳酪也是一種凝乳後再加壓的硬質乳酪，圓輪形的酪餅直徑 55~75 公分，重量為 32~45 公斤，粗糙的外表呈棕黃或褐金色。一個酪餅大約使用 450 公升的牛奶，部分用脫脂牛奶，使用 Montbéliarde、Simmental Française 兩種混血牛種的乳汁。

Comté 地方為了保護它的產品聲譽，規定只有在 Comté 地方的出品才能稱為「Comté 乳酪」。1952 年晉升 AOC 級，國家原產物管理局（INAO）對於養殖區域的規劃、產品的檢查非常嚴格，每年有 5% 達不到規格的產品，就得不到 AOC 的商標。

產區包括侏羅省、杜布（Doubs）省、安省東邊，以及索恩－羅亞爾（Saône-Et-Loire）省，和薩瓦、布根地、洛林、香檳省的部分土地。在這廣大的高山區內，到處長滿了鮮美的牧草，足以飼餵所有的牛群，既使在冬天也不必向外地購買飼料，牛隻都能吃到同區在夏季儲存的草料。乳汁中夾帶一股清香的野花味，完全反映到 Comté 乳酪中，口味非常豐富，有微鹹、微甜、奶香、焦烤、果香味。

範圍：弗朗茨－孔泰區的侏羅省、上索恩省（Haute-Saône）、貝爾福地區（Territoire de Belfort）。洛林區的孚日省（Vosges）。香檳‐阿丹區的上馬恩省。布根地區的科多爾省（Côte d'Or）、索恩‐羅亞爾省（Saône-et-Loire）。隆河‐阿爾卑斯區的安省。

產　品：Comté、Morbier、Mont d'Or、Bleu du Jura、Marnirolle、Cancoillotte、Montagnard、Lomont、Emmental，羊乳酪則有Chevret、Bilou。

　　做成的酪餅要放在溼度92%、低於19℃的酪窖中精煉，有兩種版本的Comté。夏季牧草茂盛時產出的牛奶味道豐厚，做出的乳酪呈黃褐色、香味變化多且重、口感豐厚，有植物、燻烤、酵母味，口感複雜。冬天，牛隻是圈養在牛棚內，只能用乾草餵食，乳汁淡薄，做出的乳酪顏色蒼白或呈象牙色，但是有大量的乾草、乾果、榛子香味，且帶有輕微酸度，口感細緻。有時，Comté乳酪中也有些小氣泡或細裂縫，那是精煉的酪窖溫度較高所致，不會影響到乳酪的味道。

　　Comté是一種營養非常豐富的乳酪，可以絞碎焗烤、切片夾入麵包中、切丁拌沙拉、佐開胃酒等，烹調法極多。

　　隨著時間和處理方式，Comté的味道都會有所不同，選購之前不妨先嚐一小塊是否適合自己的口味。可搭配本區出產的黃酒（干性），或是

葡萄利口酒（VDL）、天然甜酒（VDN）、夏多內葡萄釀製的白酒、
Gewurztraminer d'Alsace、玫瑰紅酒，或是澀味輕果香味多的紅酒，例如馬貢
（Mâcon）、博內（Beaune）、隆河谷等地方的產品。每年 9 月到次年 3 月
是最佳的品嚐時期。

NOTE
Comté 乳酪的等級比例尺度是從
1~20 點，至少要 12 點才算合格。
如果評價為 15~20 點可獲得綠標
級，其餘的都是紅標級。味道方
面至少要 3~9 點，如果乳酪的外
型、表皮上的痂（疙瘩）、洞孔
的大小、數量、酪肉的韌性有被
評鑑為零者，只能以 Gruyère 名
義出售。

⑭ Emmental & Gruyère 乳酪

Emmental 和 Gruyère，這兩種類似肥皂狀的緊壓硬質乳酪，是在中世紀時出現於神聖羅馬帝國的中心區（阿爾卑斯山的侏羅地區，今日的瑞士、法國交界處，當時這兩國尚未誕生）。

Emmental 乳酪的名字出於 Emme（河）和 Tal（山谷），Gruyère 出自 Fribourg（小鎮）。在這廣大的區域內，地形起伏變化大，居民也不多，早年對外的交通不便利，農民便把新鮮牛奶做成一種硬塊乳酪，以便運輸，加上乳汁煮過後的圓輪形酪餅內的溼氣不重，因此產品可以保存很長久的時間。

製作這種圓輪形酪餅，除了要用大量的牛奶外，還需要很多的木材來燒煮。當時，查理曼大帝時代的森林管轄官員稱為「Grueries」，後來慢慢地整個山區的人們都習慣性把區內的這種硬質乳酪：Comté、Abondance、Beaufort、Gruyère Français、Emmental，一併稱為「Gruyère」。

1940 年，成立 Gruyère 和 'Emmental 乳酪製作商業公會認證產品的所有權。1952 年的 Comté、1968 年的 Beaufort、2007 年的 Gruyère Français，各有自己的 AOC 晉級認可。2012 年，歐盟也確認了 Emmental 的 IGP

（Indication Géographique Protégée，意為受保護的地理標誌），之後都逐漸地摒棄了過去對「Gruyère」的習慣性統稱用法，以顯示各自的獨特性。在法國，還是有「Gruyère Français」已通過 IGP 的認可，都是質量的保證，不過產量很少，鮮為人知。

在這廣大的區域內，養殖牧場散布在各偏遠山區的角落裡，乳酪的製作廠、生產業者到處向各地的養殖農收購牛奶，再送到廠房加工製作，久了也習慣採用相同牧場出產的牛奶，這些製作銷售商和養殖戶之間的互動形成一種密切合作、不易分離的關係。最早的合作社出現在上杜布（Haut Doubs）地方，中世紀時也因為乳酪的關係，加強阿爾卑斯山南、北間的交往，時間久了就有一種地域概念，進而衍生成了今日「乳酪原產地 AOC」的概念。

19 世紀末，由於惡性競爭及降價，造成一連串的危機，一些乳酪商轉向製作另一種乳酪——Emmental，它也是一種硬質乳酪，很早就存在於瑞士，它的製作方法十分接近 Gruyère 乳酪，但是味道較輕，廣為眾人接受，精煉的時間也短，資金容易運轉，且製作這種圓輪形酪餅需要的牛奶量更大，有利於集中操作，更符合經濟效益，因此市場擴展得極快，不到 50 年的

時間，Emmental 乳酪的產量就占了杜布地方出品的一半，比 Comté 乳酪的產量還大，之後慢慢發展到全國各地甚至國外。

除了法國、阿爾卑斯山區的瑞士及德國外，其他國家如奧地利、芬蘭、荷蘭、美國、丹麥、愛爾蘭也都出產 Emmental 乳酪。雖然同樣被稱為 Emmental，但它們的顏色和味道差別很大，主要是看牛種的來源地和所產生的乳汁，其成分略有不同。

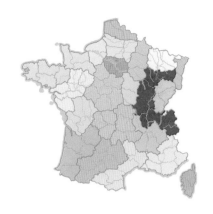

同產區乳酪產品

範圍：洛林區的孚日省，香檳 - 阿丹區的 上馬恩省。布根地區的科多爾省、索恩 - 羅亞爾省 。隆河 - 阿爾卑斯區的安省、隆河省（Rhône）、薩瓦省、上薩瓦省。

產品：本區內還有其他 AOC 級的硬質乳酪，如 Comté、Abondance、Beaufort、Gruyère Français、Emmental。

由於發展過速，導致產品良莠不齊，一些乳酪失去原有的風味且品質平凡，阿爾卑斯山區的酪農們為了區別他們高品質的產物，都加貼標籤，1979 年獲得法定產區權，把上好地段的出品列為「Emmental Grand Cru」並賦予紅標，以示區別。

阿爾卑斯山區之所以能出產多種美味的乳酪也非偶然，最大的關鍵就是它的牧草，牧場處於起伏不定的山區中，土中的含鈣量極多。冬季酷寒，立春後全山遍野長滿了鮮嫩的青草，還夾雜著小野花，草料中含一種特別的有機物，且區內養殖度低，牛群都有足夠的糧草，即使在嚴寒的冬天，所有牛隻在牛棚中也可以吃到同一片土地在夏季收割的乾草料，不需要向外地購入飼養。本區內禁止飼餵玉米，牛群都可從草料中獲得大量的蛋白質而產生高品質的牛奶。

這種棕白花色的阿爾卑斯山種乳牛的產乳量極大，每天早、晚各擠一次新鮮的牛奶，送到各煉酪廠，不必愁貨源。Gruyère 乳酪是用早、晚各擠一次的生牛奶為原料，而 Emmental 乳酪則要加熱牛奶，味道甘甜、柔和。

Emmental 乳酪的作法，是把牛奶加熱到 33℃，再摻入凝乳酶，然後分離凝乳塊和乳清，再將凝乳塊加熱到 53℃，熬煮 90 分鐘，之後把凝乳塊放到模子裡，加壓 24 小時，成型後浸泡在滷水中 48 小時，慢慢地吸取鹽分後，它的外皮開始形成。做好的酪餅放在 12℃ 的酪窖中，精煉 4~5 天，之後溫度提高到 16~18℃，1 週後送到 21~25℃、溼度 60% 的酪窖，存放 1

個月。酪體中的酵母菌會釋放出二氧化碳，形成很多櫻桃般大小的氣泡，內部的酪肉帶有豐富的甘甜味並有點韌性，外表微微的鼓脹。接著，置放到 16~18℃的酪窖中，1 週後轉到 10~13℃的另一酪窖內精煉。它的外皮也開始變成粗硬的黃褐色。

食用 Emmental 乳酪時，切成薄片帶著外皮一起食用，更能顯出它的風采，用於料理上比其他乳酪更具風味。由於製作的貨源供應充沛，全年都可以買到其產品。刨成碎屑，可大量用在廚房的焗烤上（占了產量的60%）；把它切成薄片，可用來做三明治；或切成小丁充當零食。

要做出一個直徑 70~80 公分的 Emmental 酪餅，需要用到 800~900 公升的牛奶，重量約 70 公斤，金黃色的表皮光滑油亮，中心部分微微鼓脹，切開後內部著黃色且有櫻桃粒大的氣泡。酪餅結實、細緻，但是沒有 Comté 那麼紮實，入口清爽，軟而不黏牙。法國出產的 Emmental 乳酪味道比較重，可搭配本區出產的紅、白酒，或是其他結構柔和、芳香細緻的紅酒，如薄酒萊、Côtes de Nuits Villages。

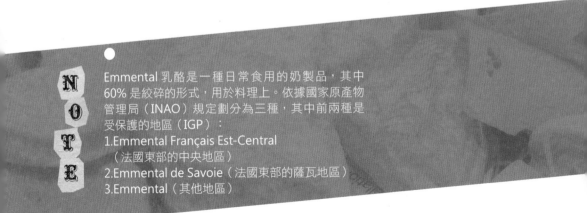

NOTE

Emmental 乳酪是一種日常食用的奶製品，其中60% 是絞碎的形式，用於料理上。依據國家原產物管理局（INAO）規定劃分為三種，其中前兩種是受保護的地區（IGP）：
1.Emmental Français Est-Central
（法國東部的中央地區）
2.Emmental de Savoie（法國東部的薩瓦地區）
3.Emmental（其他地區）

⑮ Époisses 乳酪

Époisses 乳酪出產在布根地西北邊的樣能、
上馬恩（Haute-Marne）省，再向東南方延伸一直到黃金坡地
的香貝丹（Chambertin）一帶。16 世紀，西都會的僧侶們製作出這種顏色
黃澄澄的乳酪，也因拿破崙而沾光。

做好的酪餅要浸泡在加入布根地白蘭地的滷水中，再用乾鹽擦洗，至少
要做 4 週的精煉。外皮受到微生菌的影響，自然變成了黃澄狀，散發出濃
厚的酒香味。酪肉細緻柔和、圓潤，含有 50% 脂肪和 40% 乾酪，有著牛奶
的香甜味，加上擦洗及浸泡時留下的鹹味、礦物味。每年 5~11 月的放牧
期是最佳的品嚐季節。

Époisses 乳酪是採用 Brune、Montbéliarde、Simmental Français 種牛的乳汁，
加工和製作的場地也必須在 AOC 限定的區域內進行。同產區還有一種外
貌、口味極為相似的 Ami du Chambertin 乳酪，但不是 AOC 級。

Époisses、Ami du Chambertin 兩種乳酪因用烈酒浸泡過，如選干性酒，勢

必要挑些結構堅強、細緻，例如：布根地博內丘的白酒，北隆河谷的恭得里奧（Condrieu）、黃酒，否則選 Marc de Bourgogne、Ratafia、Macvin du Jura、Marc de Chambertin 這些烈酒來搭配比較適合。

其他的產品可選些果香味重、結構強澀度少，如隆河谷、布根地南邊的紅酒。羊乳酪可選用白酒、甜酒或是強化烈酒來搭配。

布根地區乳酪產品

本區內還有其他的牛乳酪產品，如 Abbaye de Citeaux、Abbaye de La Pierre-Qui-Vire、Affidelice、Aisy Cendré、Cendré de Vergy、ducs Epoisses、Palet de Bourgogne、Petit Gaugry、Plaisir Au Chablis、Rouy、St Florentin、St.Marie、Soumaintrain、Trou Cru。羊乳酪產品則有 Bouton de Culotte、Charolais、Chèvre Au Marc、Chèvre St.Saulge、Chèvre de Toucy、Clacbitou、Dôme de Vézelay、Mâconnais、Montrachet、Morvan、Poiset Au Marc、Pourly、Racotin、Vermentou。

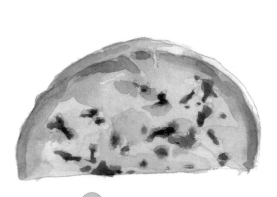

⑯ Fourme d'Ambert 乳酪
⑰ Fourme de Montbrison 乳酪

　　Fourme 源自古拉丁文，就是乳酪的意思，這兩種不同的乳酪出產在中央山脈、奧維涅地區，多姆山省的艾伯特（Ambert）鎮和它的鄰居蒙布里松（Montbrison）鎮，以及附近一帶的地方，從 1972 年就進入了產區管制（AOC 級），歷時 30 年的等級稱謂，2002 年 2 月 22 日的法令通過要求分離這兩個產區，管制為 Fourme d'Ambert 乳酪和 Fourme Montbrison 乳酪。2010 年，歐盟認證為 AOP 級。

　　這兩種藍黴乳酪都採用不加熱的牛奶來製作，兩者之間的區別在於製作技術、瀝水和鹽水洗滌方式的不同。Fourme d'Ambert 乳酪在凝乳後要瀝水，成型的酪餅要浸泡在滷水中，或用乾鹽擦拭。Fourme Montbrison 乳酪則是把瀝過水的凝乳塊絞碎後摻些食鹽，之後放置模內不加壓，成型的酪餅放到酪窖中的雲杉木架上精煉，上下翻轉時還要用針筒將空氣注射進入酪體，以加速微生物的增長。經過 28 天的精煉後，外皮變得乾燥、有些裂紋，汽缸形的外觀直徑 13~19 公分、重約 2~2.5 公斤，酪肉緊密、奶香中帶點

酪窖中的溼潮味。

Fourme d'Ambert 乳酪中的藍黴比較明顯。精煉的時間和類型都會影響到它的口味，通常夏、秋季的產品較具風味，當作乳酪沙拉或是正餐後的乳酪盤，搭配貴腐甜酒、天然甜酒（VDN）。

產區內還有一種極為出名的綿羊乳酪 Roquefort，它們都是藍黴乳酪。

同產區乳酪產品

範圍：隆河－阿爾卑斯區的羅亞爾省。奧維涅地區的康塔爾省、多姆山省。
產品：牛乳酪有 Cantal、St. Nectaire、Salers（AOC 級）、Bleu de Laqueuille、Bleu Thièzac、Bleu d'Auvergne、Bleu de Forez、Brique du Forez、Briquette de Coubon、Chambérat、Crémeux du Puy、Fouchtra de Vache、Fouchtra de Pirre-Sur-Haute、Fourme de Rochefort、Fourme d'Ambert、Gaperon、Murol、Savaron、Valay。羊乳酪則有 Lavort（Tomme d'Auvergne）、Chèvre de Glénet、Chèvre d'Ambert、Chèvre de St. Julien-Chapteuil、Fouchtra de Chèvre、Chevreton des Boutière、Chevreton du Bourbonnais、Galette de Chaise-Dieu、Chevreton de Thiers。

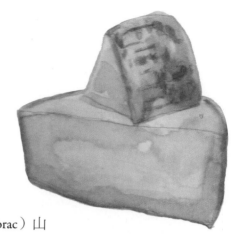

⑱ Laguiole 乳酪

　　Laguiole 乳酪的名稱採用奧貝克（Aubrac）山區拉吉奧爾（Laguiole）鎮的名字。高山火山岩區位於中央山脈中、南邊三個行政區的交會處，而拉吉奧爾鎮位在南部－庇里牛斯（Midi-Pyrénées）區的北邊，也是在奧維涅產品中的另一族系。外型相似的高山乳酪（Cantal、Salers），外皮硬厚、酪肉緊實，並含有大量的乾酪質（58~62%）。

　　為了促銷本地的產品，19 世紀末期成立了商業聯合會，拉吉奧爾鎮也成為重要的乳酪中心，並有政府法令的保護。那時，在夏季期間，本地的 Aubrac 土種牛每天只能搾擠 3~4 公升的乳汁，講究傳統的生產商、酪農們，為了傳承前幾個世紀的遺產和對製作工藝的堅持，仍然在山間小木屋裡製作，繁複的手工招人不易，雖然乳酪的品質高，但生產成本也高，產量停滯不前。

　　1961 年，受制於 AOC 條例對品質的要求規定，產量減少很多。到了 90 年代引進了適合本地環境的荷蘭種牛，乳汁產量大增，可惜乳汁中的蛋白質沒有本地牛種的多。後來新引進一種紅花斑的瑞士種乳牛（La Pie Rouge de l'Est），每年 300 天的給乳期可搾擠 5000 公升的牛奶，蛋白質指

數 32%；182 天的高山放牧期，每隻乳牛能產生 50 公斤的乳酪。依 AOC 的規定，製作 Laguiole 乳酪的牛奶、精煉的地點、牛隻的養殖，必須在奧貝克山地的自然區，阿韋龍、康塔爾、洛澤爾（Lozère）三個省的 73 個村鎮內製作。擁有了 Aubrac 山區牛的乳汁，山風及高山牧草中的特定菌群，牛隻不缺乏食物，生產的乳汁特別香甜，極易做出高品質的 Laguiole 乳酪。

在高山區內，仍然有傳統的個體戶，沒有遵守 AOC 所要求的規定，將跳過 4 個月精煉期的乳酪產品賣給觀光客。此外，大多數的生產者還是由乳酪廠或是合作社來製作，年產量也有 700~750 公噸。

一般硬質的牛、羊乳酪，可搭配果香味多的紅酒，如薄酒萊、隆河谷、蘭格多克丘（Coteaux du Languedoc）區域級的酒，波爾多、東邊黑皮諾的紅酒。軟質乳酪，可選些白酒或是甜酒搭配；藍黴乳酪可搭配口感強的貴腐酒、天然甜酒；羊乳酪味道重，可選強勁的干白酒或是利口甜酒。

同產區乳酪產品
參見「3. Bleu d'Auvaergne 乳酪」。

⑲ Langres 乳酪

　　主要出自於香檳區東南邊、朗格勒
高原的一種本土工藝製作的乳酪，採用
區內朗格勒（Langres）鎮的名稱。有兩種特
徵讓這種乳酪出名，其一是汽缸般的外型，有大、
小兩種尺寸的酪體，瀝乾時並不會上下翻轉，因而上層表面會有微微的凹
陷（約 5 公釐），通常會放些白蘭地或香檳酒一起食用。其二是溼答答的
外皮呈土黃色，它是在浸泡、擦洗時加入紅木（Rocou）的天然顏色所致，
同時散發出濃厚的氣味。

　　酪肉柔和細膩，酪體微軟入口即化、內部緊密、略帶鹹味、氣味濃厚，
但是沒有鄰產區 Époisses、Munster 的味道那麼重，最佳品嚐期是 5~8 月的
夏季期間，可搭配香檳區烈酒、香檳酒，波爾多、隆河谷的年輕紅酒。

同產區乳酪產品

範圍：香檳－阿丹區的上馬恩省。布根
地區的科多爾省。洛林區的孚日省。
產品：本區的牛乳酪還有 Langres、
Chaource（AOC 級 ）、Abbaye
d'Igny、Cendré de Barberey、Cendré
de Champagne、Cendré de La Brie、
Cendré des Ardennes、Cendré
d'Argonne、Cendré d'Eclance、
Chaumont、Evry-Le-Châtel、Les
Riceys、Rocroi。

㉚ Livarot 乳酪

　　諾曼第區南邊的奧杰（Auge）地方，在 19 世紀以前都是用本地種和荷蘭種交配的乳牛，經過幾代的改良後，長成一種體格壯碩、乳豐質佳、紅褐班、熊貓眼的諾曼第種牛，後來幾乎整個諾曼第地區都飼養這種牛，加上吃了本地的牧草，乳汁中的脂類、蛋白質特別豐厚。

　　17 世紀末期，Livarot 乳酪出現於巴黎的市場，被譽為窮人的肉類。到了 20 世紀初，還有很多養殖戶把他們的牛奶自製成 Livarot 乳酪和奶油在當地出售。後來，隨著運送上的進步，這些個體戶把他們的牛奶轉賣給工廠來製作 Camembert 乳酪，目前本區只剩下 6 家製作商。

　　要做出 1 公斤的 Livarot 乳酪，需要 5 公升的牛奶，送到工廠的牛奶不能酸化。將牛奶加熱到 35℃ 後稍微除脂，再加入凝乳酶，接著將凝乳塊入模，之後放在超過 20℃ 的酪窖 2 天，成型後啟模噴灑乾鹽或是浸在加過紅木的

諾曼第區乳酪產品

參見「9. Camembert de Normandie
乳酪」。

滷水中。接著,取出瀝乾,再放入酪窖精煉至少 3 週的時間,這段時間由
於窖內的溫度、空氣的流通、規律的擦洗,尚未蘊育完成的乳酪會長出一

種酶,它可降低脂肪;蛋白質及乳糖還可
產生一種特殊的香味,形成了 Livarot 乳
酪的特性。精煉後的乳酪周邊用蘆葦草圈
紮,主要是為了防止乳酪變形外流,古老
的傳統習慣一直流傳至今。Livarot 乳酪散
發出蘋果和梨般的果味、奶香,和一股灌
木、煙燻味。

可搭配低齡紅酒或是甜酒、蘋果酒。

21 Maroilles 乳酪

炸豆腐形狀的 Maroilles 乳酪出產於法國和比利時交界的埃納（Aisne）、北部（Nord）省，採用馬魯瓦耶（Maroilles）鎮的名稱，是 7 世紀時由馬魯瓦耶修道院做出來的軟質乳酪。最早是使用非常適合在本地生長 Maroillaise 種牛的乳汁來製作，其中的脂肪、蛋白質含量極高，但後來由於戰爭的關係，牠們都消失了，現在是採用 Prim Holstein 種牛的乳汁。

製作方法是將收集的牛奶加入凝乳酶凝固後，將凝乳塊放在模子裡輕微壓擠，起模後在酪餅外部抹鹽。精煉期要定時上下翻轉、擦洗，並放到乾燥室內一些日子，就會長出一層黴菌，將之刷乾淨後，再存放回酪窖中。擦抹是為了除去天然生長的白黴菌，使紅菌容易生長而形成金黃色的外皮，並散發出強烈的氣味，酪肉柔軟、豐腴，餘韻長。置放久了，顏色會變成淡紅色。

Maroilles 乳酪有兩種生產方式，一種是廠商向不同的養殖戶收購牛奶的工業生產法；另一種是個體酪農用自己飼養牛隻的乳汁以手工法來製作，目前區內還有很多酪農使用這種方法。

同產區乳酪產品

範圍：北部－加來海峽區（Nord-Pas-de-Calais）的北部省（Nord）。畢卡地（Picardie）區的埃納省（Aisne）。
產品：Baguette Laonnaise、Boulette de Cambrai、Coeur d'Avesnes、Bollot、Abbaye de Belval、Abbaye de Troivaux、Abbaye du Mont-des-Cats、Baquette de Thierache、Berques des Flandres、Boulette de Papleux、Boulette d'Avesnes、Dauphin、Forme d'Antoine、Fort de Bethune、Gris de Lille、Losange de Thierache、Maroilles、Mignon、Pavé du Nord、Vieux Boulogne、Vieux-Lille。

　　Maroilles 乳酪常用來做餐中的熱前菜，例如法國西北部出名的 Goyère 乳酪餅、餐後的乳酪拼盤。以搭配香檳酒為宜，如選用紅葡萄酒將會失去細緻性，且有金屬味，也可以選些烈酒、芳香的白酒、甜酒或黑啤酒。

　　同區內有一種橘黃色圓球狀的 Boule de Lille 乳酪，又稱為 Mimolette Française 乳酪，極為出名又暢銷。扁平的球狀體、碟盤般的大小，製作方法、味道和荷蘭的 Edam 乳酪極為近似，沒有特殊的氣味，半硬的酪體變硬後有點脆裂狀。酪窖的溫度、精煉的時間都會帶來不同的效果，年輕的 Mimolette Française 乳酪要 3 個月的精煉期，6 個月為半熟品，1 年是成熟品，2 年是陳年品，顏色由橘紅變褐紅，味道也有變化。通常是絞碎後用在料理方面。可搭配地中海區的紅酒。

22 Mont d'Or 乳酪

採用和製作 Comté 乳酪同樣種牛（Montbéliarde、Simmental Française）的乳汁，做出來的軟質乳酪，出產在阿爾卑斯山之瑞、法兩國交界的侏羅區，大部分在法國的杜布省。該地方的養殖戶會在夏天把牛群趕到高山上去覓食新鮮的嫩草，下初雪後再把牠們趕回到棚舍內，餵食在夏季收割自相同牧場的乾草料，因有足夠的糧草，不必混加其他地區收集的糧草來餵食，擠出的牛奶特別香純，沒有異味。

Comté 乳酪是全年製作，而 Mont d'or 乳酪則是每年 8 月到隔年 3 月的季節性乳酪，可於 9 月至 5 月間上市銷售。這段期間，每日搾取的牛奶會立即送到工廠，經過凝乳、瀝水、放入雲杉木做成的模子中輕微壓擠、成型

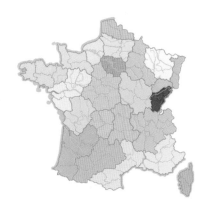

侏羅區乳酪產品

參見「13. Comté 乳酪」。

後取出,再放到酪窖中精煉至少 21 天,這段時間要做幾次的上下翻轉和用滷水擦洗,然後放在薄木盒中出售。這種雲杉木盒會帶給 Mont d'or 乳酪大量的樹脂香味,還可以阻止稀泥狀的酪餅外流。食用時,在木盒內由餅心向外切割或用湯匙舀取,淺褐白色的外皮可以食用。

　　瑞士也出產 Mont-d'Or 乳酪,兩者比鄰,可是製作的方式有點不同。例如,在瑞士沒有牛種的限制、使用溫熱的牛奶為原料,在法國的養殖、製作、精煉地點必須要在原高山上,而瑞士沒有此限制,其他的精煉、上市時間差異極微。瑞士 Mont-d'Or 的外皮微紅、酪肉較黃,而法國的呈象牙色、外皮也白。

　　搭配的葡萄酒和 Comté 乳酪一樣,以夏多內葡萄釀製的白酒,或是當地出產的 Vin de Jura、Arbois、Vin de Savoie 較佳。

㉓ Morbier 乳酪

Morbier 是侏羅地方製作的一種半硬質乳酪，將未煮過的牛奶凝乳後絞碎顆粒，盛入模子裡輕微加壓，成為酪餅的雛形，然後再將酪餅橫切，灑上可食用的植物碳，之後放回模子裡，再做第二次的加壓。扁平的酪體呈鐵餅狀，中間微微地凸起，中小型的體積，重約 5~8 公斤，之後置放在 7~15℃、67% 溼度的酪窖中做 85 天的精煉，會散發出奶香味和清淡的果香味。

19 世紀，侏羅地方上出產的牛奶都拿去製作 Comté 乳酪，秋冬產量不足以再準備其他的乳酪，因此莫爾比耶（Morbier）地方的酪農在準備 Comté 乳酪時，會保留一些剩餘的凝乳物，放在一個容器中供自己使用，並順手從爐壁、鍋底取些煙灰薄薄地撒在乳酪表層，當初也只是為了避免表皮結塊及遭受昆蟲、細菌的侵害，沒想到這個意外的動作現今成了 Morbier 乳酪的特色。

可搭配薩瓦地方以本土種葡萄釀成的白酒、清淡的紅酒，或是玫瑰紅酒。

侏羅區乳酪產品

同區其他的乳酪產品，見「13. Comté
乳酪」。

24 Munster 乳酪

　　Munster 是阿爾薩斯地區一種用牛奶製作出的軟質乳酪。先經過高低溫處理，將牛奶從 12℃ 加熱到 32℃，再混入部分的脫脂鮮奶，並加入凝乳酶，攪拌後，分離乳清和凝乳塊，然後將凝乳塊放到模具內瀝水，第一天要翻轉 4 次，次日再浸入滷水中。

　　AOC 規定，凝乳形成後，要依體積的大小做 14~21 天的精煉，在酪窖的這段時間，每隔 2~3 天還要用稀釋過的鹽水擦洗，之後外皮會變成溼潤的黃橙色，內部柔軟細膩，散發出濃厚的乳香味。

　　7 世紀時，蒙斯特（Munster）地區的僧侶們，為了儲存方便和改善當地居民的營養問題而製作出來的乳酪，在沃基山（Vosges）東邊阿爾薩斯省的出品稱為「Munster」乳酪，沃基山西邊洛林地方的出產則為「Munster-Géromé」乳酪。

同產區乳酪產品

範圍：弗朗茨－孔泰區的上索恩省、貝爾福地區。阿爾薩斯的下萊茵省（Bas-Rhin）、上萊茵省（Haut-Rhin）。洛林區的默爾特－摩澤爾省（Meurthe-et-Moselle）、摩澤爾省（Moselle）、孚日省。

產品：Bargkas-Tomme、Bibbelskaas、Brocotte、Brock、Carré de l'Est、Chèvre du Thillot、Géromé Gros Lorraine、Gueyen、Munster、Munster Au Cumin、Tomme des Vosges、Tomme des Hautés Vosges、Trang'nat。

18世紀起，此地區改用一種從北歐引進的乳牛 Munster 來飼養取乳，牠的體格健碩，乳汁品質非常好，而且含有大量的蛋白質，也是構成 Munster 乳酪品質高超的原因之一。它有大、小兩種尺寸。

　　地方上對這種乳酪仍然保留了強烈的傳統個性，常以本土工藝的方式製作。除了一些個體酪農以外，也有大廠商以工業製作法來生產。1978 年進入原產地管制（AOC 級）。

　　Munster 乳酪可搭配阿爾薩斯地區的格烏茲塔明那、灰皮諾（Pinot Gris），或是晚採收的葡萄酒，也大量用在廚藝、料理方面使用。

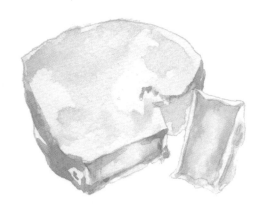

25 Neufchâtel 乳酪

　　Neufchâtel 可能是諾曼第區最古老的乳酪，出產於諾曼第北邊地方的牛乳酪，柔軟的酪肉、白絨狀的外皮上布滿了皺紋，散發出蘑菇的香氣，味道濃郁。

　　1969 年晉升為 AOC 級，有個體酪農、本土工藝、工業生產三種類別的乳酪。在管區內收集的牛奶要盡快送到酪廠，放在大型的絕緣容器中，以防止牛奶快速冷卻。通常廠房保持 20℃的恆溫，以現代化的設備來調節應是沒有問題的，過去在冬天則是把牛奶燒熱保溫。

諾曼第區乳酪產品

參 見「9. Camembert de Normandie
乳酪」。

　　製作時，在牛奶中加入凝乳酶凝固，攪拌幾分鐘，分開乳清和凝乳塊，接著瀝除凝乳塊中的水分，加入青黴菌，再用手工或混頻器揉均勻，之後酪體產生白毯狀的外皮，再用細乾鹽擦抹，接著放置在12~14℃的酪窖中，保持95%溼度，12天後乾酪的外皮會長出白色絨毛般的孢粉覆蓋整個外表。精煉8~10週後就可食用了。

　　諾曼第區的牧草中參雜著許多野花，它們產生出一種特定的菌株——青黴菌，加上每年至少有6個月的牧草期，牛的乳汁也會帶有特別香甜的味道，乳酪最佳的食用時期是4~8月。不僅Neufchâtel乳酪如此，地方上許多其他的產品也都帶有這種香甜的味道。Neufchâtel乳酪有大、小圓筒形、方形、磚形和心形，6種不同的式樣。還有一種極為相似的Neufchâtel Bondard乳酪，但不是AOC級。

　　Neufchâtel可搭配強勁一點細緻的紅酒，如聖愛美濃（St. Emilion）、玻美侯；或是羅亞爾河都漢（Toutaine）地方鄉村級的紅酒，如希濃、布戈憶（Bourgueil）、聖尼古拉－布戈憶（St. Nicolas de Bourgueil），以及Saunur Champigny。

26 Pont-l'Évêque 乳酪

Pont-l'Évêque 乳酪和 Camembert、Neufchâtel、Livarot 等乳酪，一樣都是諾曼第區奧杰地方 AOC 級的特產，但因在製作方法上的差別，風味各有不同。

豆腐形狀的 Pont-L'évêque 乳酪有幾種不同的尺寸，3 公升的牛奶可做出 350~400 公克的乳酪。在牛奶凝乳後，迅速地分開乳清和凝乳塊，入模後置放在至少 20℃的通風窖房中 2 天，再用細鹽擦抹、上下翻轉，待略乾時，放入 12~14℃的酪窖中精煉。這段期間要定時的擦拭和清洗，經過 2~3 週的時間，原本溼答答的淡土色外皮就會有紅菌斑的出現。也有業者直接播下菌種，這些菌在吸取糖、蛋白質和脂肪後，會產生一種特別的香味，散發出牛奶、苔癬、蘑菇、燻烤等氣味，放久了氣味會更重。Pont-L'évêque 乳酪的酪肉柔軟、滑嫩，但是沒有韌性、奶味重、微甜。置放久了，外皮溼黏、變紅、氣味重。可搭配口感圓潤強勁的白酒，如恭得里奧或是本區出產的蘋果酒。

諾曼第區乳酪產品

參見「9. Camembert de Normandie 乳酪」。

27 Reblochon 乳酪

　　Reblochon 是薩瓦地方的一種半硬質乳酪，採用了三種不同乳牛
（Abondance、Montbéliardes、Tarines）的乳汁製成的。

　　中世紀時，地區上的農民為了避免向地主繳納更多的稅金，故意不將乳
汁完全榨取乾淨，等管理者離開後，他們再進行第二次的
榨擠，所以稱之為 Re-Blochon 乳酪。第二次的乳汁
較稀薄，但脂肪較高。

　　Reblochon 乳酪的成品像月餅般大小，重約 550
公克或是一半大的小酪餅，皮薄、淺黃色中帶點橘
色，覆蓋著一層薄薄的白黴，散發蘑菇的鮮味，酪質柔和、滑潤，餘韻很
長，生產者有個體酪農、小廠製作或工業生產，至少要有 2 週以上的精煉
期，酪窖溫度為 16℃。每年的春末到秋初品嚐，滋味較豐厚，可搭配以黑
皮諾葡萄釀成的紅酒。

隆河 - 阿爾卑斯區乳酪產品

參見「1. Abondances 乳酪」。

㉘ Saint-Nectaire 乳酪

　　出自於法國中央山脈奧維涅區的 5 種 AOP 牛乳酪之一，灰、褐色鐵餅般的外形微硬，酪餅上面長滿了白黴菌，柔軟黏稠的內部散發出濃厚的苔蘚味和一股溼稻草味，口感中帶有輕微的酸，夾雜著鹽、核桃、香料、金屬味，入口即化，殘留的餘香味極長。這也是因為區內的草叢及環境，讓 Salers 牛群的乳汁特別豐厚、芳香（參見 Q10）。

　　通常做一個 Saint-Nectaire 酪餅需要 15 公升的牛奶，全年的生產量有 14,000 公噸，由個體酪農、小廠製作或是工業生產。精煉及陳年過程，必須在管制規劃的區域內，即康塔爾、多姆山兩省。個體酪農的產品上，貼有綠色橢圓形的酪蛋白標籤（Étiquette En Caséine），而其他兩者則為方形，上面標明了製作地的省、縣碼、廠商註冊登記號碼。

　　Saint-Nectaire 乳酪的精煉酪窖之溫度比其他乳酪低，且需 100% 溼度。製作時，先把牛奶加熱到 31~33℃，加入凝乳劑後，休息一段時讓其融合。加熱溫度取決於天氣和牛奶量。接著，收集凝乳塊充填到模子裡，5~6 個模子疊在一起，

奧維涅區乳酪產品

參見「10. Cantal 乳酪」。

運用壓力慢慢地擠出剩餘的乳清。之後，從模子裡取出成型的乳酪，在滷水中浸泡過，再放回模子中，壓 12 小時翻面後，再壓 12 小時，就可出模，放在陰涼的地方風乾 2~3 天。之後，將酪餅轉放在 9~11℃、溼度 90~95% 的酪窖內，精煉 4~5 天，再把溫度提高到 16~18℃，接下來的 2~3 天要用滷水擦洗，放在麥桿做的棚架上風乾，8 天後再擦洗一次，精煉持續 3~8 週，一直到酪餅外皮變成紅褐色，上面長出粉狀斑點（白黴菌），時間越久斑點越密集。

　　Saint-Nectaire 乳酪可搭配略為酸口的等級紅酒，如聖艾斯岱伏（St. Estèphe）、希濃等年份高的紅酒。

㉙ Tomme de Savoie 乳酪

　　Tomme 在法國是小型乳酪的通稱，並非專有名詞，後面都會加上出產村鎮的名稱以示區別。通常在乳汁不豐盛的期間，用製作奶油過後的牛奶來製作 Tomme 乳酪，所以很少是全脂的。

(1)Tomme des Bauges 乳酪

　　Tomme des Bauges 乳酪是出自於阿爾卑斯山布爾吉（Bauges）山區的個體養殖戶，採用了 Tarentaise、Montbéliardes、Abondance 等三種乳牛的全脂或是半脂乳汁來製作。凝乳後的酪體要強力壓榨，盡可能排除更多的水分，以利於保存。精煉後變得十分緊密、酪肉細致微鹹，蛋糕狀的外型直徑約 18~20 公分間、重量 1~1.5 公斤，粗糙的象牙色外皮約 2~3 公釐厚，上面長滿了白毛霜。2002 年晉升為 AOC 級。

　　通常 Tome des Savoie 乳酪可搭配本地出產的紅酒、一般級的黑皮諾葡萄酒。可是 Tomme des Bauges 乳酪細緻、緊實、味重，可加選些南邊地區緊密、堅實的紅酒，如艾米達吉（Hermitage）、邦鬥爾（Bandol）。

(2)Tomme de Lullin 乳酪

　　出自於薩瓦省呂蘭（Lullin）村的 Tomme de Lullin 乳酪，酪肉柔和、氣味適度，口感稠厚，入口即化。

　　製作 Tomme de Lullin 乳酪時，完全採用脫脂牛奶。將牛奶加熱到 33℃ 時，加入凝乳酶攪拌，在 37℃ 時停止，把凝乳塊倒入有帆布的模子裡，讓乳清瀝乾，成型後翻面，再放回模子中，並將模子裡的帆布改為塑膠網，同時放上酪蛋白標籤，註明成分比率、省分和製作地點。然後，再放回酪

隆河 - 阿爾卑斯區乳酪產品
參見「1. Abondances 乳酪」。

本區其他的 Tomme 牛乳酪有：Tomme de Savoie Au Cumin、Tomme d'Alpage de La Vanoise、Tomme du Faucigny、Tomme de La Frasse Fermière、Tomme Grise de Seyssel、Tomme Fermière des Lindarets、Tomme Au Marc de Raisin、Tomme de Ménage、Tomme du Mont-Cenis、Tomme de Thônes，Tomme de Lullin 以 及 Tomme de Chèvre de Savoie。Tomme 羊乳酪有：Tomme de Chèvre de Belleville、Tomme de Chèvre d'Alpage、Tomme de Chèvre Vallée Morzine、Tomme de Chèvre Vallée Novel、Tomme de Courchevel。混乳的有：Tomme Mi-Chèvre du Lecheron、Tommette Mi-Chèvre des Bauges。

窖加壓，待酪餅成型後，放到滷水中浸泡 24 小時，再送到窖房精煉，大約 1 週後，酪餅的表皮會長滿白毛霜，這種白粉散發出的孢子稱為「Tomme Gris」，一股土地味道就是典型的薩瓦乳酪。

AOC 對於產區界線的釐定、精煉程序和時間，都有明確的規定，在管理上特別嚴格，甚至包括了送到薩瓦來精煉的外地乳酪也是如此。所有的乳酪依法令條文至少需經 4 週的精煉期才能上市。如貼有薩瓦品牌協會頒發的「Label Savoie」，表示在牛奶、凝乳酶的選擇、牲畜的飼餵、乳酪的大小、精煉的時間，都有管制和保證，此標籤也同時適用於火腿、香腸及水果方面。

Tomme de Lullin 乳酪可搭配比較堅實一點的紅酒，例如：布根地夏隆內丘（Côte Chalonnaise）、薄酒萊等級紅酒、隆河谷鄉村級的紅酒。

㉚ Banon 乳酪

㉛ Chabichou du Poitou 乳酪

㉜ Charolais 乳酪

㉝ Chavignol 乳酪

㉞ Chevrotin 乳酪

㉟ Mâconnais 乳酪

㊱ Pélardon 乳酪

37 Picodon 乳酪

38 Rigotte de Condrieu 乳酪

39 Cabécou /
Rocamadour 乳酪

40 Pouligny-
Saint-Pierre 乳酪

41 Sainte-Maure
de Touraine 乳酪

42 Selles-sur-
Cher 乳酪

43 Valencay 乳酪

30 Banon 乳酪

Banon 乳酪是在蔚藍海岸、普羅旺斯山區出產的一種軟質山羊乳酪，羅馬時代就已存在了，採用當地一個小村落的名稱來命名。

當初為了解決上普羅旺斯地區的居民在冬季獲得蛋白質的問題，牧羊人把做好的乳酪用板栗樹葉包好，再用酒椰葉纖維做的繩子綁好，保存到冬天食用。久而久之，就成了普羅旺斯地區的招牌乳酪。

做好的酪餅在精煉 2 週後，浸泡在白蘭地酒中 15 天，再用板栗樹葉包好。桃花木色的酪心甜、鹹、苦、酸平衡和諧，口感油滑、細膩，大量的奶香味。有兩種口味的 Banon 乳酪，一種胡椒口味，一種風輪樹味（Sarriette）。2003 年歸入 AOC 級。

Banon 乳酪可搭配普羅旺斯地區的白酒、粉紅酒，南隆河區的干白酒或天然甜酒。

普羅旺斯區乳酪產品

除了 Banon 乳酪是 AOC 級，其他的都不是 AOC 級，且同區內的產品幾乎都是山羊乳酪，有：Banon Buchette、Banon Grou de Bane、Banon Mascaré、Banon Tomme Poivre、Banon Tomme À La Sariette、Banon Tomme À L'Ancienne、Banon Tomme Fraiche、Banon Tommette À L'Huile、Banon Tommette Aux Baies Roses、Bûchette de Provence、Cachat、Chèvre de Haut Provence、Chèvre de La Roque-Sur-Perne、Chèvre des Alpilles、Chèvre du Ventoux、Foudjou、Mont Ventoux、Olivia、Persillé du Col Bayard、Poivre-d'Ane、Rove des Garriques、Rovothym、St Domnin de Provence、Te'touns de Sant Agata、Tomme de Puimichel、Tuffe de Valensole。

綿 羊 乳 酪 有：Tomme d'Arles、Brebichon、Brebis de Mont Laux、Brebis du Pays Grassois、Tomme Arlésienne。 牛 乳 酪 有：Isola、Valdeblore。

其他，Annot、Brousse de La Vesubie 有羊乳酪及綿羊乳酪；Bossons Maceres、Brousse du Rove 有牛乳酪、綿羊乳酪；Cacheille 有牛乳酪、羊乳酪。

31 Chabichou du Poitou 乳酪

羅亞爾河中游的都漢地方，幾近於法國
的幾何中心，素有法國花園的美譽，文藝復
興時期興建的城堡、田園、牧場、葡萄園，縱橫交錯形成
一副美麗的圖畫。中世紀時，撒拉遜人（Sarrasin，回教民族）到了普瓦
捷（Poitiers）地方，引進了羊群的養殖和製作乳酪的技術，奧維涅、隆河
中上游一帶的山地區，也成了今日非常出名的羊乳酪出產區。區內有六種
出名的 AOC 級山羊乳酪：Chabichou du Poitou、Chavignol、Pouligny-Saint-
Pierre、Sainte-Maure de Touraine、Selles-Sur-Cher、Valençay。

Chabichou du Poitou 乳酪是出產在羅亞爾河下游，包
括普瓦圖 - 夏恆特（Poitou-Charente）區的夏恆特省
（Charente）、德塞夫勒省（Deux-Sèvres）、維埃
納省（Vienne）三個省，之自然區的山羊乳酪。8
世紀時，北非的阿拉伯人入侵到南西班牙，部分人
向北移居，慢慢到了羅亞爾河中游、普瓦圖一帶，
該地區氣候溫和，土中含鈣量極多，因土壤貧瘠，
長出的牧草量不足以飼養牛群，但剛好可以育養羊

隻，加上製作技術的承傳，使本區成為山羊乳酪的搖籃。Chabichou du Poitou 乳酪在 1990 年歸為 AOC 級，細巧的外型、奶香味重、微甜的口感、細緻中略帶點酸、鹹味，酪肉堅實，熟成置放久了會變脆。

可搭配普依芙媚（Pouilly Fumé）、松塞爾（Sancerre）、蘇維濃葡萄釀製的白酒為宜。

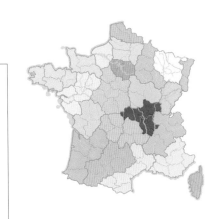

32 Charolais 乳酪

　　Charolais 乳酪出自於布根地馬貢市（Mâcon）西北方以沙羅勒（Charolles）鎮為中心的地方，包括索恩 - 羅亞爾（Saône-et-Loire）、阿列、羅亞爾、隆河各省的部分土地。它是一種軟質山羊乳酪，體型也比其他乳酪大，桶狀的體型重量在 250~310 公克之間。有著疙瘩狀的外皮，年輕時呈米色、象牙色，熟成過程中會有綠斑點，代表青黴菌的出現。Charolais 乳酪可在精煉後的 2~4 週開始品嚐，春天到夏末為最佳時期。2010 年晉升為 AOC 級。適合搭配布根地、夏隆內、馬貢、隆河谷地方的紅、白酒。

羅亞爾河中游、布根地東區乳酪產品

同區的山羊乳酪產品有：Apérobic、Autun、Petit Beaujolais pur chèvre、Bouton de Culotte、Charolais、Clacbitou、Fourme de chèvre de Ardèche、Mont d'or du Lyonnais、Galette des Mont du Lyonnais、Mâconnais、Quatre-Vents、Rogeret de Amaetre、St. Félicien de Lamastre、St. Pancrace、Séchon de chèvre Drômois Crottin de Chavignol、Pouligny-St-Pierre、St. Maure-de-Touraine、Selles-Sur-Cher、Valençay。

　　本地區還出產一種非常出名的肉種牛——Charolais，有白色的鬃毛，體型壯碩，體重可高達 900~1100 公斤，肌肉發達肉質細嫩，許多國家都引進這種牛飼養或配種。

33 Chavignol 乳酪

　　體型像小燒餅的 Chavignol 乳酪，又稱為 Crottin de Chavignol 乳酪，出自於羅亞爾河中游松塞爾一帶，粗糙的外皮散發出強烈的氣味。

　　剛做出來的 Chavignol 乳酪白皙、微硬，連同外皮有 140 公克重。幾天後，體積會微微地乾縮，外皮有點藍灰色，內部油亮、微鹹、甘酸味平衡，奶香襯托出乳酪味，這時就可以食用了。

　　再過一些日子，乳酪變乾，內體堅實、氣味濃郁。

　　4 個月後，酪體縮得更小，外皮為桃花木色，內部呈砂粒狀，需用匙羹刮食。如果外皮有黑斑或變黑就不正常了。選購時，要留意一下外皮的硬度。1976 年晉升為 AOC 級。

羅亞爾河中游區乳酪產品

同區的羊乳酪產品，參見「31.
Chabichou du Poitou 乳酪」、「32.
Charolais 乳酪。
牛 乳 酪：Bondaroy、Cendré de La
Beauce、Cendré du Vendomois、
Feuille de Dreux、Frinault、Pannes
Cendré、Olivet、Vendôme Bleu、
Vendôme Cendré。

Chavignol 乳酪可做成小點心搭配開
胃酒、切成薄片撒在新鮮的什
錦沙拉上做為前菜，或是
當作餐後的什錦乳酪盤，
可配上羅亞爾河中、上游，
由蘇維濃葡萄釀製的松塞
爾、普依芙媚等白酒為宜。
硬式（老）乳酪可搭配中
性的紅酒。

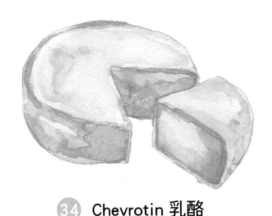

③④ Chevrotin 乳酪

　　Chevrotin 乳酪是出產在隆河上游、阿爾卑斯山薩瓦地區和上薩瓦地區的羊乳酪。在這廣大的自然保護區內，到處都崇山峻嶺，地勢險峻，出名的白朗峰坐落其境，氣候濕潤。這裡的石灰土與特定的植物群，也只有薩瓦山羊或是生長在陡峭山坡地上的岩羚羊可以吃食。

　　18 世紀以前，本地都是用混合的牛、羊奶來做乳酪，現在 Chevrotin 乳酪只使用羊奶，而且都是個體酪農用手工製作。蛋糕般的外型，重量有250~350 公克兩種，它們和 Reblochon 乳酪（地區上的牛乳酪，參見第 93 頁）極為相似，製作方法也相同，每年 5~9 月是生產製作期，精煉時間為 3~5週。成型後，外皮上長滿了白毛霜，有細緻油潤的酪心，散發出香味。為了證實產品的優越和保證，每個酪餅都貼上半透明的酪蛋白標籤。

　　只要天氣情況良好，放牧到最高點，全年羊隻的飼料中至少有 70% 是新鮮草料，每隻羊的乳汁年產量有 800 公斤。乳酪的年產量約 100 公噸。

阿爾卑斯山薩瓦區乳酪產品

參見「1. Abondance 乳酪」。

同區還有其他的 Chevrotin 乳酪產品，後面都加上出產的村鎮名稱，有 Chevrotin d'Alpage Vallée de Morzine、Chevrotin de Macôt、Chevrotin de Montvalezan、Chevrotin de Peisey-Nancroix、Chevrotin de Mont-Cenis、Chevrotin des Aravis。阿拉維（Aravis）地方也出產牛乳酪。

適合搭配薩瓦地區的酒，博內區的紅酒，馬貢地方的紅、白酒。

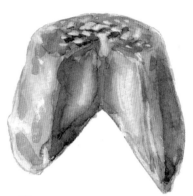

③⑤ Mâconnais 乳酪

　　Mâconnais 乳酪也可稱為 Chevroton de Mâcon 乳酪，出自於中央山脈、布根地和隆河省交界的馬貢地區，它是一種稀少的羊乳酪，依照季節的變化，也可用牛奶來製作。

　　汽缸般的酪餅重約 100 公克，精煉 2 週後會散發出一種鮮草味，久置後，酪體堅實、略帶核桃、榛果味。可做為雞尾酒的小食點心、餐後乳酪盤。適合搭配以夏多內葡萄釀製的白酒為宜。

隆河中游區乳酪產品／同產區乳酪產品

範圍：布根地區的索恩-羅亞爾省。
產品：Mont d'or du Lyonnais、Galette des Monts du Lyonnais、Pavé、Quatre-Vents、Rogeret de Lamastre、St. Félicien de Lamastre、St. Pancrace、Séchon de Chèvre Drômois。

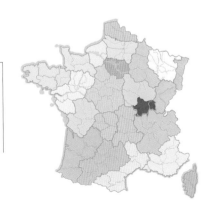

36 Pélardon 乳酪

Pélardon des Cévennes 乳酪是蘭格多克（Languedoc）地方出產的一種羊乳酪，地方上習慣性稱這種小體積的乳酪為 Pélardon，它是艾維農市西北方 500 個小村鎮附近土地上的出品，豆沙餅般的大小，幾乎沒有外皮，酪體紮實，散發出榛子果味，酸、鹹度均衡，強烈的奶香味，餘韻柔和且時間極長。有個體酪農或本土工藝兩種類型，至少要 10 天的精煉。

另有一種極為相似的乳酪——Pélardon des Corbières 乳酪，但它是採用阿爾卑斯種的山羊奶製作而成，非 AOC 級。兩者都可搭配蘭格多克區的白酒、天然甜酒。

蘭格多克區乳酪產品

同區的產品：Bleu de Chèvre、Caillade、Cathare、Chèvre de Corbières、Fontjoncouse、Gayrie、Llivia、Nimois、Pélardon、Persillé du Malzieu、Rogeret de Cévennes、St. Nicolas de La Dalmerie。

③⑦ Picodon 乳酪

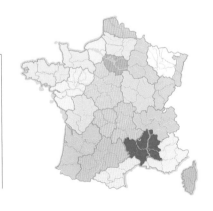

Picodon 乳酪出產在隆河中游左、右兩岸的
阿爾代什（Ardèche）、德龍（Drôme）省內。
當地的氣候異常乾熱，夏季山間的草叢生長得
十分茂密、荊棘遍布，羊隻覓食沒得挑選，甚至
連矮小的灌木林、山楂、榛果、橡果、栗子、薰衣草葉都成了牠們
的食物，冬季則有乾牧草、豆科類的植物當飼料，做出的乳酪味道變化多，

Picodon 乳酪也是這兩省出類拔萃的代
表產品。

它之所以被稱為 Picodon 乳酪，是出
自於法文中的 Piquant（辛辣的意思）。
成熟乳酪的外皮黃灰、質地細膩、有白
色絨班，酪肉光滑、有彈性，至少有
45% 脂肪，充分地顯示出本土風味。

有個體酪農、本土工藝、工業生產三
種製作類型。工業生產的乳汁要經過熱
處理，至少兩週的精煉期。由於乳汁來源比較廣泛，雖然製作的規格一致，
但是各地的出產在風味上有點差別。以搭配天然甜酒（VDN）為宜。

同產區乳酪產品

範圍：隆河 - 阿爾卑斯區的阿爾代什省、德龍省；普羅
旺斯蔚藍海岸區的沃克呂茲省（Vaucluse）；蘭格多克 -
乎西雍區的加爾省（Gard）。
產　品：Picodon de 'Ardèche、Picodon de La
Drôme、Picodon de Crest、Picodon de Dieulefit、
Picodon du Dauphine、Picodons À L'Huile
D'Olive，都是區內的產品，因羊隻吃的飼料、酪體的
大小、精煉時間的不同，產品風味完全兩樣。

38 Rigotte de Condrieu 乳酪

　　Rigotte de Condrieu 是一種羅馬時代就存在的乳酪，「Rigotte」是羅亞爾河上游、隆河支流的伊澤爾河（Isère）一帶乳酪的通稱。該地區的地形起伏大，村鎮間來往不便，散戶們飼養自己的牲口，製作出來的乳酪量不大，體積也小，幾乎都用牛奶來製作。但是里昂附近山區的酪農們卻用純羊奶來製作，稱為 Rigotte de Condrieu 乳酪，直徑約 4~5 公分，厚度約 2~2.5 公分，產量並不多。

　　該區禁止使用青貯或是基因飼料餵養羊隻。做成的乳酪要經過 3 週的精煉，之後酪體結實，內部油潤、細緻，散發出輕微的蜂蜜、洋槐味，粗造的外皮微硬呈象牙色。2009 年進入 AOC 級。

　　Rigotte de Condrieu 乳酪可搭配孔德里約（Condrieu，北隆河地區）或是布根地出產的白酒，侏羅區的黃酒，都是強勁細緻型的酒。

同產區乳酪產品

範圍：隆河 - 阿爾卑斯區的隆河省、伊澤爾省（Isère）。

產品：有 Rigotte D'Échalas、Rigotte de St-Colombe、Rigotte des Alpes。這三個外表相似的 Rigotte，來自不同的鄉鎮，但是全都是牛奶做成的。

39 Cabécou 乳酪／ Rocamadour 乳酪

INAO 對 Rocamadour AOC 產區釐定的範圍，是以法國西南洛特（Lot）省為中心，及其鄰近幾個省的部分鄉鎮土地，它屬於 Cabécou 系列，以前稱為 Cabécou-Rocamadour，1996 年獲得 AOC 更名為 Rocamadour。

Rocamadour 乳酪像醬油碟般的大小，成熟得非常快，外皮也細緻，酪體柔軟，散發出奶香、奶油和白菌味，輕淡的餘韻夾雜著甘甜、榛果味。精煉時間的長短也帶來不同的風味，應趁新鮮時期食用，不宜久放。有個體酪農、本土工藝兩種製作類型。可搭配波爾多，西南產區的紅、白酒、甜酒。

西南產區的乳酪產品

本區其他乳酪產品還有：Cabécou de Gramat、Picadou。

④⓪ Pouligny-Saint-Pierre 乳酪

　　Pouligny-Saint-Pierre 乳酪出產於羅亞爾河中游都漢地方，當地氣候溫和、有季節性的細雨，草叢中長出很多的菌群，生長在這裡的阿爾卑斯山種羊能產生芬芳的乳汁。製作時，把凝乳塊注入金字塔形的模子裡，經過4週的精煉後外皮乾皺，長了灰藍黴斑，水性的酪肉細緻、柔嫩，散發出稻草、羊奶味，入口後微酸、有榛果味，餘韻長。1週後外皮變成栗子色、粗糙、無害的黴斑增多，味道更重。

　　搭配以蘇維濃葡萄釀造的細緻、酸口的白酒或甜酒。

羅亞爾河中游區乳酪產品

參見「33. Chavignol 乳酪」。

41 Sainte-Maure de Touraine 乳酪

Sainte-Maure de Touraine 乳酪是出產在羅亞爾河中游都漢地方，包含安德爾－羅亞爾（Indre-et-Loire）、羅亞爾－謝爾（Loir-et-Cher）、安德爾（Indre）、維埃納四個省的一種軟性全脂羊乳酪。

製作時，先把收集來的山羊奶加熱到 20℃時再凝乳，一天後，把凝乳塊倒入樹幹形狀的模型中（長 16~17 公分、重 250 公克），自然瀝乾後，取出成型的酪條，用麥桿插入乳酪的中心，一方面是要支撐脆弱的酪體，另一方面要增加內部的通氣，再放在鹽和炭灰的混合物中翻滾。

在 AOC 管制區內，有個體酪農、本土工藝、小廠製作三種版本。精煉期要放到陰涼酪窖的架子上繼續風乾，每天上下翻轉一次。幾天後，外皮會變成蒼黃色並散出酸

羅亞爾河中游區乳酪產品

參見「33. Chavignol 乳酪」。

味。3 週後，外皮會變硬，長出黴菌，內部緊密，口感帶有輕微的酸、鹹味，細緻、和諧、圓潤和一股核桃味。

可搭配產區內細緻、澀味少、芳香的紅酒，酸度不強的白酒，或是半干、晚採收的甜酒。

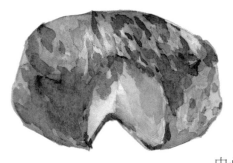

42 Selles-Sur-Cher 乳酪

外形近似 Camenbert 的 Selles-Sur-Cher 乳酪，出自於羅亞爾河中游地方，因謝河畔瑟萊（Selles-Sur-Cher）鎮而得名，早年該鎮也是收集和轉賣附近生產乳酪的中心。這種餡餅般的山羊乳酪，經過 4 週的精煉後，只有 150 公克的重量。疙瘩狀的外皮乾燥，上面長滿了黴菌，再噴灑鹽和炭粉擦抹，呈黑灰色，可以和乳酪一起進食，酪肉微硬、細緻、奶味較重，入口後微酸鹹中夾雜著榛果的甘甜味，自動溶化於口中，餘韻也長。

　　可搭配干性白酒，如松塞爾、普依芙媚、貝沙克雷奧良（Pessac-Léognan）。

羅亞爾河中游區乳酪產品乳酪
參見「33. Chavignol 乳酪」。

羅亞爾河中游區乳酪產品

參見「33. Chavignol 乳酪」。

④③ Valençay 乳酪

主要出自於安德爾（Indre）省以及謝爾（Cher）、安德爾 - 羅亞爾、羅亞爾 - 謝爾各省交界的地方。1998 年列入為 AOC 級。

Valençay 乳酪原本和 Pouligny-St. Pierre 乳酪一樣，是金字塔外形。據說拿破崙從埃及回來，住在瓦朗塞（Valençay）城堡，有一天他見到這金字塔形的乳酪，勾起埃及的回憶，於是拔出軍刀砍掉乳酪的頂尖，後來 Valençay 就採用被削平塔尖的棱錐外形為特徵。但其實它是模仿區內萊夫魯（Levroux）教堂的造型，而萊夫魯就是這種羊奶的出產地。

　　製作時，把凝乳塊用機器甩乾水分後，立即壓成型，再沾上鹽和炭灰，送到酪窖中精煉4~5週，之後外表長滿了黴斑。這種山羊乳酪的品質高，也具有獨特風味，適合搭配酸味多、結構堅強的白酒、半的白甜酒為宜，如松塞爾、普依芙媚、荷依（Reuilly）、梧雷或是本地出產的清淡紅酒。如果乳酪精煉時間長，則可選比較濃厚不澀的紅酒，如希濃、布戈憶。

44 Broccio 乳酪

45 Ossau-Iraty -Brebis
des Pyrénée 乳酪

46 Roquefort 乳酪

44 Broccio 乳酪

　　Broccio 乳酪又稱 Brocciu Corse 乳酪，產自科西嘉島。這裡是地中海的一個大火山岩島，由於所處地理位置關係，曾被希臘、羅馬、熱那亞、阿拉伯人占領過，生活上多少也受了這些民族的影響。希臘人引進了綿羊、橄欖和葡萄的種植，回教人帶來了山羊。雖然處於地中海氣候帶，可是全島大部分是海拔超過 1500 公尺的叢山峻嶺，隨著高度的變化，空氣也清涼，在此生長了 2000 多種植物，其中有 78 種僅存於本島。砂石土地上的灌木叢中，長出許多鮮嫩的牧草，滋養了半放養式的羊群。

　　科西嘉島上出產了各式各樣的乳酪，一般體積都小，長時間的精煉後，可帶給乳酪更豐富的味道。但這些乳酪中，只有 Broccio 是 AOC 級。它是採用綿羊的乳清或是新鮮的山羊凝乳漿為主要的原料。這種幾乎被棄置的

科西嘉島區乳酪產品

科西嘉島上還出產 A Casinca、A Filetta、Bastelica、Brebis de Santa Maria Siché、Bleu de Corse、Brin d' Amour、Brocciu Corse、Calcatoggio、Canestrelli、Chèvre d' Isolaccio、Cossica、Filetta、Fium Orbo、Fleur du Maquis Aux Herbes、Fromage Au Pur Lait de Brebis、Fromage de Brebis、Fromage Fermier de Brebis、Fromage Corse、Fromage de Chèvre Fermier de La Tavagna、Mouflon、Niolo、Vieux Corse、Ricotta Aux Galets、Rustinu、Sarteno、Tome de Brebis Corse、Tome de Chèvre de Piaggiole、U Bel Fiurtui、U Pecurinu、Venaco。以搭配本地出產白酒為宜。

乳清中，含有大量的蛋白質和營養素，被當地人賞識。製作時，先把乳清加熱到 35℃，再混入 15% 的全脂乳，之後再加熱到 90℃，這時會產生很多泡沫，撇去泡沫後，置放在過濾器皿中濾去水分。

最後再置放在柳條編成的小籃子中出售。質地軟而油滑，在每年 10 月到隔年 6 月的產乳期製作，可搭配本地出產的烈酒（Marc de Corse）。

● 乳清乾酪（Fromage de La Lactosérum）

乳清是一種凝乳過程中產生的乳白色半透明液體，雖然凝結的固狀凝乳塊中含有主要的營養素，但是乳清也含有部分的蛋白質、脂肪、礦物質等，通常把它們再加熱一次，仍然還有乾酪質可回收做乳酪，不過味道較輕、微甜。這種乳酪所含的脂肪較少，而其他成分則相對較豐富，最出名的就是科西嘉的 Broccioe 乳酪，也是該區唯一進入 AOC 級的乳酪。

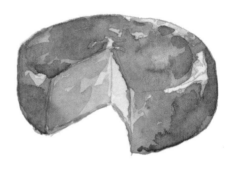

45 Ossau-Iraty-Brebis des Pyrénée 乳酪

　　Ossau-Iraty-Brebis des Pyrénée 是出自巴斯克（Basque）和貝阿爾恩（Béarn）兩個地區的一種綿羊乳酪，位在庇里牛斯－大西洋和上庇里牛斯兩省的土地上，出名的歐蒐山谷（Vallée d'Ossau）和附近的貝阿爾恩、依哈悌（Iraty）森林，也是歐洲最大的欅木出產區。這種羊乳酪是採用生鮮的綿羊奶，以古老傳統方式製成的硬質乳酪，其中乳脂的含量不定，產量也不多，幾乎都在當地售罄。2011 年，Ossau-Iraty-Brebis des Pyrénée 乳酪被評為「世界最佳生奶製作的乳酪」，可搭配本地出產的白酒 Irouléguy、Jurençon，或是波爾多的白酒。

同產區還有很多非 AOC 級的乳酪。
羊 乳 酪：Abbaye de Bellocq、
Ardi-Gasna、Brebis Pays Basque
Cayolar、Brebis、Brebis Pyrénées、
Fromage de Brebis、Fromage
Fermier Au Lait de Brebis、Fromage
d'Ossau/Laruns、Fromage de Pays
Mixte、Laruns、Ossau Fermier。
牛 乳 酪 或 混 和 乳 酪：Matocq、
Fromage de Vache、Fromage
Fermier Au Lait de Vache、Fromage
Fermier de Brebis et de Vache、
Mixit、Aubisque Pyrénées、Fromage
de Vache Brûle、Chaumes。

　　本區的 Matocq 乳酪是由個體手工藝
法做出的純綿羊乳酪，細緻、味道重，
和 Ossau-Iraty-Brebis des Pyrénée 是 同 一
系列，也是 AOC 級產品，量非常稀少。
如用牛奶或是混合乳汁做出的乳酪，則為
一般級的 Matocq 乳酪。可搭配本區出產的
干性白酒或是紅酒。

46 Roquefort 乳酪

　　在什錦乳酪拼盤中總是會有一種氣味濃厚、象牙黃、白色中夾帶著綠斑的乳酪，酪體中透出溼氣，一碰即碎、入口即溶，在甘甜的酪體中夾雜著明顯的鹹味，它的鹹味和綠斑也隨著時間的增長而加重，這就是全球著名的三大藍黴乳酪之一的 Roquefort 乳酪。另外兩個是 Stilton 乳酪（產自英國伯明翰東北邊）、Gorgonzola 乳酪（產自義大利米蘭市附近），後兩種皆為牛乳酪。

　　Roquefort 乳酪最早出現在法國南邊奧維涅省康巴盧（Combalou）山區的羅克福（Roquefort）村，在不經意的情況下發現了這種著名青黴菌── Penicillium Roquefortii 的存在，而成了製作 Roquefort 乳酪的靈魂。在 Pline l'Ancien 著作和一些百科全書中都影射、讚譽它是乳酪之王。1411 年，法王查理六世規定，只有羅克福地方的居民才能在本區的天然山洞內精煉乳酪。在乳酪歷史的行列上還沒有原產地證明（AOC 級）的概念時，Roquefort 早在 1925 年就得到官方的認可。由於需要量大而快速增加生產，地方上的乳汁供不應求，製作業轉向別處尋找乳汁，1961 年米約（Millau）地方法院頒布了一項法令：在法國西南部、蘭格多克、乎西雍（Roussillon）、普羅旺斯、科西嘉地方製作的綿羊藍黴乳酪，必須要送到康巴盧山區羅克福村的天然山洞精煉之後，才能稱為「Roquefort」乳酪。

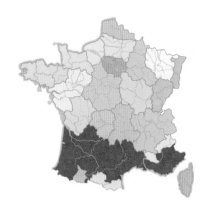

奧維涅區乳酪產品

參見「10. Cantal 乳酪」。

　　羅克福村位於康巴盧山的北崖邊，由於地殼的變動、崩塌、侵蝕後，形成了很多洞穴、斷崖和煙囪狀的裂紋，這種自然裂紋對於洞穴內的氣溫和溼度的調節起了很大的作用。乳酪農利用這種山洞來做精煉及儲存乳酪的場所，讓精煉過程中產生的二氧化碳和熱量很容易散發出去。從岩壁裂縫灌入清涼的山風，調節了洞內的溫度，加上洞內白堊岩質的泥濘崩塌物，使岩洞內經常保持 9℃和 95% 溼度。更重要的是，一種只在本區自然生長的青黴菌 Penicillium Roquefortii 附在儲存的乳酪上，帶給 Roquefort 乳酪無比的鮮美。

　　早年也有酪農用牛奶、山羊奶來做 Roquefort 乳酪，1925 年規定只能使用綿羊的乳汁來製作，主要是採用 Lacaune、Manches、Basco-Béanaise 和科西嘉種綿羊的乳汁，養殖業散布在南部法定產區範圍內，即奧維涅省和奧德（Aude）、洛澤爾、加爾（Gard）、埃羅（Hérault）、塔恩（Tarn）的部分土地上，酪餅製成之後，必須送到羅克福村的山洞內精煉。

　　製作 Roquefort 乳酪是季節性的，只在綿羊乳汁分泌旺盛期採乳，一頭健康的乳羊每年 7 個月的產乳期可產生 200 公升的乳汁，製成 45 公斤的乳酪。乳汁送到工廠，凝乳後，將凝乳塊置放在直徑 20 公分的模子內，同時加入

青黴菌種使其產生綠黴，自然瀝乾
不加壓力，成型後為高度約8~10
公分、重量2.5~2.9公斤的圓筒狀。
為了幫助青黴斑的滋長、形成，精
煉前還要扎針，以加速空氣進入、
幫助酪體內青黴菌的滋長。成型的
酪餅置放在山洞內的窖房精煉，利
用特殊的涼風和地氣讓乳酪慢慢地
成熟，存放的時間視青黴菌滋長的速度來決定。精煉完成再用乾鹽擦洗，
之後用鋁紙包裝，以杜絕和外界空氣的接觸，阻止青黴菌的增長，同時也
不妨礙乳酪的酶化。

　　Roquefort 乳酪的產量緊接在 Comté 乳酪之後，是全法第二大的乳酪消耗
量，年產量超過330萬個，無論是工業生產、傳統手工製作，成型的乳酪
都要送到羅克福村的天然山洞中精煉後，才算正宗的 Roquefort 乳酪，一
切合格後就可獲得紅綿羊標籤。

AOC 級的精煉時間至少是 3 個月，有時也延長到 4~9 個月之久。精煉時間短的乳酪呈蒼白色，久了則變成象牙黃綠斑轉為灰綠色，時間更久，青黴菌會長滿整塊乳酪。年輕的酪餅有一股奶油的甜香味，熟成後變成堅果和無花果的成熟香。

可搭配白天然甜酒、貴腐酒、索旬、利口酒和波特、班努斯等紅天然甜酒。

常見乳酪的美味吃法

名稱	種類	出產地	最佳的品嚐月份	建議搭配的葡萄酒
Abondance	牛乳酪	法國隆河－阿爾卑斯山區	6~10 月	侏羅區的白、黃酒，薩瓦區的白酒
Appenzeil	牛乳酪	瑞士	全年	Chasselas 白酒
Banon	山羊乳酪	法國普羅旺斯區	5~11 月	普羅旺斯區的白酒
Beaufort	牛乳酪	法國阿爾卑斯山區	12~9 月	夏多內葡萄釀製的白酒
Bleu d'Auvergne	牛乳酪	法國奧維涅區	6~9 月	波爾多的白甜酒
Bleu des Causses	牛乳酪	法國奧維涅區	6~10 月	天然甜酒
Bleu de Corse	牛乳酪	法國科西嘉島	4~11 月	阿加修（白酒）
Boulette d'Avesnes	牛乳酪	法國皮卡第區	6~2 月	阿爾薩斯白酒
Brie de Meaux	牛乳酪	法國大巴黎地區	6~10 月	波爾多等級紅酒
Brie de Melun	牛乳酪	法國大巴黎地區	6~10 月	勃根地紅酒
Brillat-Savarin	牛乳酪	法國諾曼第地區	全年	薄酒萊
Broccio	綿羊乳酪	法國科西嘉島	全年	地中海區的玫瑰紅酒
Cabécou	山羊乳酪	法國奧維涅、西南區	11~2 月	波爾多等級白酒
Camembert	牛乳酪	法國諾曼第地區	6~3 月	蘋果酒

名稱	種類	出產地	最佳的品嚐月份	建議搭配的葡萄酒
Cantal	牛乳酪	法國奧維涅區	全年	梅多克、蘭格多克
Chabichou	山羊乳酪	法國羅亞爾河中游	6~10 月	羅亞爾河谷都漢白酒
Chaource	牛乳酪	法國香檳區	6~11 月	香檳、聖一愛美濃
Charolais	山羊乳酪	法國勃根地	4~12 月	夏布利、勃根地白酒
Cheddar	牛乳酪	英國	全年	波爾多等級紅酒
Comté	牛乳酪	法國阿爾卑斯山區	9~3 月	侏羅地區的白酒、黃酒、勃根地的白酒
Coulommiers	牛乳酪	法國大巴黎地區	全年	果香味多的紅酒
Crottin de Chavignol	山羊乳酪	法國松賽爾	4~10 月	松賽爾白酒
Edam	牛乳酪	荷蘭	全年	波爾多紅酒
Emmental	牛乳酪	法國	全年	羅亞爾河谷都漢白酒
Epoisses	牛乳酪	法國勃根地	6~3 月	博內丘紅酒
Fontainebleau	牛乳酪	法國大巴黎地區	全年	甜酒
Fontina	牛乳酪	義大利	全年	Valpolicella
Foume d'Ambert	牛乳酪	法國奧維涅區	6~12 月	甜酒

名稱	種類	出產地	最佳的品嚐月份	建議搭配的葡萄酒
Gaperon	牛乳酪	法國奧維涅區	10~3 月	普羅旺斯區的白酒。
Gorgonzola	牛乳酪	義大利	全年	馬貢區白酒
Gouda	牛乳酪	荷蘭	全年	波爾多紅酒
Gruyère	牛乳酪	瑞士	全年	侏羅地區的白酒、黃酒
Laguiole	牛乳酪	法國奧維涅區	1~4 月	博內丘白酒
Langres	牛乳酪	法國香檳區	9~12 月	波爾多紅酒
Livarot	牛乳酪	法國諾曼第	6~3 月	羅亞爾河谷的白酒
Magor	牛乳酪	義大利	全年	Chianti Classico
Maroilles	牛乳酪	法國皮卡第區	6~3 月	阿爾薩斯白酒
Mimolette	牛乳酪	法國加來省	6~9 月	波爾多等級紅酒
Morbier	牛乳酪	法國阿爾卑斯山區	3~6 月	薩瓦區的白酒
Munster	牛乳酪	法國阿爾薩斯省	6~11 月	格烏茲塔明那阿爾薩斯白酒
Murol	牛乳酪	法國奧維涅區	6~11 月	安茹、梭密爾羅亞爾河淡口的紅酒

名稱	種類	出產地	最佳的品嚐月份	建議搭配的葡萄酒
Neufchâtel	牛乳酪	法國濱海塞納省	8~11 月	羅亞爾河紅酒、Côtes du Rhône（隆河的酒）
Niolo	綿羊乳酪	法國科西嘉島	5~12 月	普羅旺斯區的白酒
Ossau-Iraty	綿羊乳酪	法國庇里牛斯山區	6~12 月	波爾多等級白酒
Parmesan	牛乳酪	義大利	全年	地中海區出產的紅酒
Picodon	山羊乳酪	法國隆河谷上游	6~12 月	隆河谷區的白酒
Pont-L'Évêque	牛乳酪	法國諾曼第	6~3 月	勃根地紅酒
Pouligny-Saint-Pierre	山羊乳酪	法國羅亞爾河中游		羅亞爾河谷白酒
Provolone	牛乳酪	義大利	全年	地中海區出產的白酒
Reblochon	牛乳酪	法國阿爾卑斯山區	5~10 月	果香味多的紅酒
Rigotte de Condrieu	牛乳酪	法國隆河谷中游	全年	北隆河區的紅酒
Roquefort	綿羊乳酪	法國奧維涅區	6~12 月	紅、白甜酒
Rollt	牛乳酪	法國皮卡第區	11~6 月	勃根地白酒
St. Florentin	牛乳酪	法國勃根地	11~6 月	夏隆內丘的紅酒

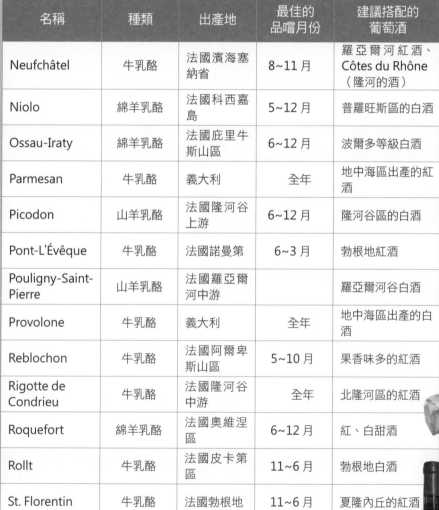

名稱	種類	出產地	最佳的品嚐月份	建議搭配的葡萄酒
St. Marcellin	牛乳酪	法國多菲內	4~9 月	勃根地、馬貢白酒
St. Maure	牛乳酪	法國羅亞爾河中游	6~11 月	都漢區的紅酒
St. Nectaire	牛乳酪	法國奧維涅區	6~11 月	黃金丘地紅酒
St. Paulin	牛乳酪	法國羅亞爾河谷區	5~11 月	羅亞爾河谷紅酒
Salers	牛乳酪	法國奧維涅區	5~11 月	新教皇城堡酒
Selles-Sur-Cher	山羊乳酪	法國羅亞爾河中游		松賽爾白酒
Stiton	牛乳酪	英國	9~6 月	波爾多甜酒
Tomme de Savoie	牛乳酪	法國阿爾卑斯山區	6~11 月	梅多克酒
Mont-d'Or	牛乳酪	法國阿爾卑斯山區	11~3 月	博內丘白酒
Valençay	山羊乳酪	法國羅亞爾河中游	3~10 月	蘇維農白酒
Venaco	山羊乳酪	法國科西嘉島	6~9 月	科西嘉的白酒

國家圖書館出版品預行編目資料

法國AOC頂級乳酪／周寶臨著.--初版.--臺北
市：書泉，2015.9
面：　公分
ISBN 978-986-451-004-7（平裝）
1.乳品加工　2.乳酪　3.法國
439.613　　　　　　　　104007239

3Q39

法國AOC頂級乳酪

作　　　者 — 周寶臨（108.5）

發 行 人 — 楊榮川

總 編 輯 — 王翠華

主　　編 — 王俐文

責任編輯 — 金明芬、洪禎璐

封面設計 — 劉好音

插　　畫 — 張家寧

排版設計 — 王美琪

出 版 者 — 書泉出版社

地　　址：106台北市大安區和平東路二段339號4樓

電　　話：(02)2705-5066　傳　　真：(02)2706-6100

網　　址：http://www.wunan.com.tw

電子郵件：shuchuan@shuchuan.com.tw

劃撥帳號：01303853

戶　　名：書泉出版社

總 經 銷：朝日文化事業有限公司

電　　話：(02)2249-7714

地　　址：新北市中和區僑安街15巷1號7樓

法律顧問　林勝安律師事務所　林勝安律師

出版日期　2015年9月初版一刷

定　　價　新臺幣280元